机电一体化技术专业群"双高"项目建设成果

高等职业教育机电一体化技术专业系列教材

机电设备安装与维修

MECHANICAL AND ELECTRICAL
EQUIPMENT INSTALLATION AND MAINTENANCE

◎ 主 编 陈 爽 万 杰
◎ 副主编 王德春 刘长根
◎ 参 编 彭伦天 吴 冬 史 耀

本书包括七项任务，主要内容包括机电设备安装与验收的基础知识、机电设备的日常维护与大修、机电设备的故障与诊断技术、机电设备的维修技术与维修质量标准、典型机械结构的拆卸与装配、数控机床故障的诊断与维修、物联网设备的安装与维修。本书内容涵盖了机电一体化技术专业岗位群所需的专项技能与专业知识，可满足机电设备全寿命周期质量控制节点的实践需求。

本书可作为高等职业院校机电一体化技术专业、机械制造及自动化专业教学用书，也可作为企业相关人员的培训教材。

本书制作有微课、视频等数字资源，以二维码形式放置于相应知识点处，便于信息化教学。

本书配有电子课件，凡使用本书作为教材的教师可登录机械工业出版社教育服务网www.cmpedu.com，注册后免费下载。咨询电话：010-88379375。

图书在版编目（CIP）数据

机电设备安装与维修 / 陈爽，万杰主编 . — 北京：机械工业出版社，2024.7

ISBN 978-7-111-75635-4

Ⅰ.①机… Ⅱ.①陈… ②万… Ⅲ.①机电设备 – 设备安装 – 高等职业教育 – 教材 ②机电设备 – 维修 – 高等职业教育 – 教材　Ⅳ.① TH17 ② TM07

中国国家版本馆 CIP 数据核字（2024）第 076097 号

机械工业出版社（北京市百万庄大街 22 号　邮政编码 100037）
策划编辑：刘良超　　　　　　　责任编辑：刘良超
责任校对：曹若菲　丁梦卓　　　封面设计：张　静
责任印制：李　昂
北京捷迅佳彩印刷有限公司印刷
2024 年 7 月第 1 版第 1 次印刷
184mm×260mm・14 印张・305 千字
标准书号：ISBN 978-7-111-75635-4
定价：46.80 元

电话服务　　　　　　　　　网络服务
客服电话：010-88361066　　机 工 官 网：www.cmpbook.com
　　　　　010-88379833　　机 工 官 博：weibo.com/cmp1952
　　　　　010-68326294　　金 书 网：www.golden-book.com
封底无防伪标均为盗版　机工教育服务网：www.cmpedu.com

随着"中国制造2025"制造强国战略的实施,我国制造业面临着自动化程度加速提升和智能制造升级的挑战。传统的机电设备安装、维修和保养等内容与技术都发生了巨大变化,企业急需大量高素质创新型工程技术人才,以满足智能化生产过程中机电系统控制与运行、生产设备维护与调试、智能化管理等需求。

本书包括七项任务,主要内容包括机电设备安装与验收的基础知识、机电设备的日常维护与大修、机电设备的故障与诊断技术、机电设备的维修技术与维修质量标准、典型机械结构的拆卸与装配、数控机床故障的诊断与维修、物联网设备的安装与维修。本书内容涵盖了机电一体化技术专业岗位群所需的专项技能与专业知识,体现了多学科的交叉与融合,可满足机电设备全寿命周期质量控制节点的实践需求。同时,本书将相关领域的前沿科研动态、工程实践和研究成果融入企业生产现场对应的典型工作任务,从而培养学生的专业能力、社会能力、方法能力及综合职业素质。

党的二十大报告提出:"推进教育数字化,建设全民终身学习的学习型社会、学习型大国。"为贯彻党的二十大精神,本书制作了微课、视频等数字资源,以二维码形式放置于相应知识点处,学生使用手机扫码即可观看相应资源,丰富了教学手段,有利于信息化教学。

本书由重庆工程职业技术学院陈爽、万杰担任主编,王德春、刘长根担任副主编,彭伦天、吴冬、史耀参与了本书编写。

由于编者水平有限,书中错误与不妥之处在所难免,敬请读者批评指正。

编 者

目录

前言

引言 ·· 1
  一、课程简介 ······································ 1
  二、课程内容 ······································ 1
  三、学习方法 ······································ 2
  四、学习目标 ······································ 2

**任务一　机电设备安装与验收的
　　　　基础知识** ································ 5
  一、任务介绍 ······································ 5
  二、基础知识 ······································ 6

**任务二　机电设备的日常维护与
　　　　大修** ···································· 35
  一、任务介绍 ····································· 35
  二、机电设备的润滑 ······························· 36
  三、机电设备的维护与大修 ························· 55

**任务三　机电设备的故障与
　　　　诊断技术** ································ 65
  一、任务介绍 ····································· 65
  二、故障诊断及相应技术 ··························· 68

**任务四　机电设备的维修技术与维修
　　　　质量标准** ································ 83
  一、任务介绍 ····································· 83
  二、机电设备机械结构的维修技术 ··················· 84
  三、机电设备电气系统的检测与
  　　维修技术 ····································· 99
  四、机电设备维修的质量标准 ······················ 115

**任务五　典型机械结构的拆卸
　　　　与装配** ··································· 125
  一、任务介绍 ···································· 125
  二、机电设备机械结构拆装的基础知识 ··············· 127
  三、固定连接的装配 ······························· 133
  四、典型机械结构的装配 ··························· 144

**任务六　数控机床故障的诊断与
　　　　维修** ···································· 159
  一、任务介绍 ···································· 159
  二、数控系统故障的诊断与维修 ···················· 161
  三、电气控制系统故障的诊断与维修 ················ 170
  四、机械结构故障的诊断与维修 ···················· 175
  五、液压系统故障的诊断与维修 ···················· 179

**任务七　物联网设备的安装与
　　　　维修** ···································· 185
  一、任务介绍 ···································· 185
  二、物联网的定义及其架构层次 ···················· 187
  三、物联网设备的安装、布线与
  　　故障处理 ···································· 190
  四、物联网关键技术 ······························ 203
  五、物联网的典型应用场景 ························ 207
  六、工业互联网概述 ······························ 212

参考文献 ·· 217

一、课程简介

"机电设备安装与维修"是机电一体化技术专业的专业核心课程,是依据机电设备装调维修工岗位群的任职要求而设置的。随着"中国制造2025"制造强国战略的实施,传统制造业面临着巨大变革与挑战。本书将智能制造共性技术中的物联网(工业互联网)等相关内容纳入知识体系,补齐了传统机电设备装调维修工岗位培养的短板,以满足智能制造领域对机电设备安装与维修人才的需求。

二、课程内容

"机电设备安装与维修"课程需要完成以下七项任务的学习:

1)任务一 机电设备安装与验收的基础知识(6学时)。

2)任务二 机电设备的日常维护与大修(10学时)。

3)任务三 机电设备的故障与诊断技术(8学时)。

4)任务四 机电设备的维修技术与维修质量标准(10学时)。

5)任务五 典型机械结构的拆卸与装配(10学时)。

6)任务六 数控机床故障的诊断与维修(6学时)。

7）任务七　物联网设备的安装与维修（6学时）。

三、学习方法

通过对七项任务循序渐进式的学习，了解并掌握机电设备安装与验收的一般流程，掌握机电设备日常维护与大修方案的编制方法，了解机电设备的故障与诊断技术，了解物联网设备安装与维修技术，掌握机电设备典型机械结构的常用修复技术与电气系统的修理技术。

学习的基础应放在四种行业通用能力（表0-1）的培养和职业特定能力的锻炼上，专注于课程通识的学习和专业素养的培育，以系统的视角建立课程的知识框架，把握七项学习任务在机电设备全生命周期中发挥的关键作用。

表0-1　四种行业通用能力

行业通用能力	识图能力
	工具、量具的选用能力
	润滑材料、元器件的选用能力
	机电设备的使用能力
职业特定能力	机电设备的安装与调试
	自动化生产线的运维
跨行业职业能力	适应不同岗位的能力
	现场管理的基础能力
	创新创业的基础能力

四、学习目标

1）专业能力。能够合理编制通用机电设备的安装与验收方案和机电设备的维修计划；能够根据故障现象诊断机电设备的故障原因，并根据现有条件选择设备维修方法和维修装备；能够完成机电设备典型机械结构的拆卸和装配，并根据现有条件选择合适的检验方法进行维修精度控制。

2）方法能力。在机电一体化系统理念指导下，具备运用正确、合理、高效的方法分析机电设备故障并编写技术文件的能力；具备正确、合理使用测量工具和数据分析的能力；具备将所学的知识和技能迁移到智能机电设备安装与维修领域的能力。

3）社会能力。具备机电设备现场协调能力、管理能力；具备良好的职业道德修养和良好的心理素质，能够秉承"开拓、务实、奋斗、奉献"的乌金精神，严格遵守职业道德规范；具有自主学习、独立思考、深钻细磨、积极创新的能力和工匠精神。

任务一 机电设备安装与验收的基础知识

一、任务介绍

（一）学习目标

最终目标：了解机电设备安装与验收基础知识，能够合理编制机电设备的安装与验收方案。

促成目标：掌握机电设备安装与验收的一般流程，具备根据设备类型合理选择并使用相应工具与检具的能力。

（二）任务描述

1）了解机电设备的特点与分类。

2）了解不同行业机电设备的安装与维修特点。

3）了解机电设备安装工具与量具、起重工具与起重设备的使用方法和特点。

4）了解机电设备安装基础的相关知识。

5）掌握机电设备安装与验收的一般流程。

（三）相关知识

1）机电设备的定义。

2）机电设备的分类。

3）机电设备常用安装工具与检具、起重工具与起重设备的特点。

4）机电设备安装的基础知识。

5）机电设备安装与验收的一般流程。

6）不同行业机电设备安装的特点和存在的主要问题。

（四）学习开展

机电设备安装与验收的基础知识（6学时）。

（五）上手操练

任务：通过查阅标准和收集相关设备资料，编制一套工作压力为0.8MPa，7×24h 工作制，配置 1m³ 容积气罐的分散式十工位压缩空气系统的安装与验收方案。螺杆式压缩机型号自选（内容至少包含资料准备、地基要求、管线要求、安装计划、各类工具检具的准备、安装流程设计、验收方案设计等）。

二、基础知识

（一）机电设备的定义与分类

设备通常是人们在生产和生活中所需要的机械、装置和设施等物质资料的总称。机电设备一般指机械、电器及电气自动化设备，随着计算机技术的普及，机电设备开始向数字化、自动化、智能化和柔性化发展，并进入现代设备的新阶段。智能制造系统将机电一体化技术与智能化技术、信息通信技术、大数据技术有机地结合，实现了人工智能技术与制造技术的深度融合，提升了各个制造环节的工作灵活程度与契合性，赋予了机电设备许多全新的特点。

机电设备种类繁多，分类方法也多种多样。根据其用途不同，可将机电设备可分为五大类。

1. 通用机械类

1）机械制造设备。包括金属切削机床、锻压机械、铸造机械等。

2）起重设备。包括电动葫芦、装卸机、起重机、电梯等。

3）农、林、牧、渔机电设备。包括拖拉机、收割机、各种农副产品加工机械等。

4）通风采暖设备。包括锅炉、泵、风机等。

5）环境保护设备。包括清洗机、除尘器等。

6）建筑机械、木工设备。包括搅拌车、卷扬机、圆锯机、喷涂机、干燥机等。

7）交通运输设备。包括轨道车辆、汽车、摩托车、船舶、飞行器等。

2. 通用电工类

1）电站设备。包括工业锅炉、工业汽轮机等。

2）电动工具。包括电动机、电炉、电焊机等。

3）电气自动化控制装置。包括电工专用设备、电工测试设备等。

4）日用电器。包括电冰箱、空调、微波炉、洗衣机等。

3. 通用、专用仪器仪表类

1）自动化仪表、电工仪表。

2）专业仪器仪表。包括气象仪器仪表、地震仪器仪表、教学仪器、医疗仪器等。

3）成分分析仪表、光学仪器、试验机、实验仪器及装置等。

4. 专用设备类

1）医疗卫生单位的医疗器械、诊察器械及诊断仪器、医用射线设备、医用生化化验仪器及设备、体外循环设备及装置、人工脏器设备及装置、假肢设备及装置、手术室设备、急救室设备、诊察室设备、病房设备、消毒室设备，口腔设备及医疗用灯、兽医器械等。

2）广播电视单位的广播发射设备、电视发射设备、音频节目制作和播控设备、视频节目制作和播控设备、立体电视及卫星广播电视设备、电缆电视分配系统设备、应用电视设备等。

3）科研单位的科研仪器仪表、电子和通信测量仪器、计量标准器具及量具、衡器等。

4）文化体育教育单位的文艺设备、体育设备、娱乐设备和舞台设备等。

5）新闻出版单位的新闻出版设备、印刷机械、装订机械等。

6）公安政法机关的交通管理设备、消防设备、取证及鉴定设备、安全及检查设备、监视及报警设备等。

7）其他行业的专用设备，如焚化炉、自动洗车设备等。

5. 智能制造类

智能制造设备是信息技术与制造设备的融合，涉及数控机床、柔性制造单元、柔性制造系统、计算机集成制造系统、工业机器人、大型集成电路和电子制造设备等高技术、高附加值的先进工业设施设备，具有技术密集、附加值高、带动作用强等特点。智能制造类机电设备主要涉及微电子和电力电子设备、移动通信设备、传感器、仪器仪表以及各种工业自动化控制系统。

我国智能制造的重点发展领域为高端数控机床与基础制造装备、自动化成套生产线、智能控制系统、智能专用装备等，通过实现生产过程的自动化、智能化、精密化、绿色化，带动整体工业技术水平的提升。由于智能制造设备具备信息化与工业化深度融合的特点，使得智能制造机电设备的安装与运维呈现出与传统机电设备不同的技术特点和流程规范要求。

（二）不同行业机电设备安装的特点与存在的问题

1. 轨道交通行业

机电安装是轨道交通建设的中枢部分和物质载体，其安装质量和成效都关系着轨道交通运行的安全与效率。机电设备安装涉及的主要内容包括车辆、信号、通信、供电、轨道、车站区机电（监控、报警、通风空调、消防、自动售票、给排水以及照明系统）等。

轨道交通行业机电设备安装的特点和存在的问题：

1）特点。机电设备的安装多为地下作业，施工环境较复杂、技术要求高、施工材料质量和性能的标准高、机电设备的安装与建筑体的现场装修并重。

2）存在的问题。土建主体的渗透、施工方案误差（管线标高、安装预留孔偏差、无机电设备安装的保障工作面）、交叉施工管理问题、施工计划编制不同步等。

2. 化工行业

在化工行业，机电设备是保障化工生产正常进行的关键设备，它影响着化工企业的整体生产质量。机电设备安装涉及的主要内容包括各类泵、热力设备、压力管道、压力容器、工业锅炉、塔设备等。

化工行业机电设备安装的特点和存在的问题：

1）特点。化工行业的机电设备系统包含了大量的附属设备，这些设备对安装精度、运行环境要求较高，机电设备整体运行的环境比较差且多为承压设备；系统中的介质易燃易爆，如发生运行故障可能会引发安全事故，造成停产、火灾爆炸以及环境污染。

2）存在的问题。系统中高速回转件的振幅超标、机电设备连接问题、测量元件的电热效应问题、电气设备内部问题等。

3. 建筑行业

建筑行业中的机电设备安装主要涉及施工设备、材料以及技术等多方面的内容，包括民用和工业工程中的消防工程、给排水工程、采暖工程、电气工程、通风工程、通信工程、自控化系统中的各种机电设备安装。

建筑行业机电设备安装的特点和存在的问题：

1）特点。机电设备安装的技术含量高，作业配合面广、参与的施工队伍多，安装过程需要全程跟踪、工期压力大。

2）存在的问题。电气设备安装问题（连接问题、振动问题、超电流问题）、管路质量问题、防雷接地问题等。

4. 水电行业

机电设备安装和检修工作质量与水电站的安全和正常运行密切相关。水电站机电设备涵盖的范围广、技术含量高、专业性强，设备安装和维修工作对于机电设备的正常运行有着非常重要的作用。机电设备安装主要涉及的内容包括管道、水泵、阀、通风、空调、消防、给排水、水轮发电机组、控制系统等。

水电行业机电设备安装的特点和存在的问题：

1）特点。水轮发电机组与其附属设备需现场进行装配和焊接，设备安装受施工现场环境和条件限制，机电设备安装过程烦琐且精细。

2）存在的问题。泵组同轴度和直线度的问题、连接问题、机械振动问题等。

5. 煤矿行业

煤矿机电设备主要用于开采煤炭资源，煤矿机电设备的安全问题非常重要。机电设备安装主要涉及的内容包括地面机电设备的安装、综采工作面机电设备的安装及回撤等。

煤矿行业机电设备安装的特点和存在的问题：

1）特点。煤矿机电设备多为大型设备，安装规模大，地下机电设备安装属于动态的、随机的、无计划的非正常作业；大型设备的安装调试等难度较大，点多面广，安装环境复杂。

2）存在的问题。设备中的连接问题、设备开关问题、设备安全问题等。

6. 冶金行业

机电设备安装技术的应用、安装过程质量控制以及后期使用效率等因素会对冶金企业生产加工产生直接影响。机电设备安装涉及的主要内容包括输送设备、传热设备、电化冶金设备、电热冶金设备及净化设备等。

冶金行业机电设备安装的特点和存在的问题：

1）特点。机电设备多为单件、小批量制造，又呈现出大型化、重型化的特点，需要长期维修维护，设备结构复杂，难度和专业性较高；同时施工环境复杂，安装维修的劳动强度较高。

2）存在的问题。机电设备中紧固件与旋转件的振动带来的磨损和安全问题、垫板施工问题、润滑问题以及预防性维修等。

（三）机电设备安装的基础知识

1. 工具与量具

在机电设备的安装、调整、修理等工作中，需要使用各种工具和量具。熟悉各种类型工具和量具的结构、性能、使用方法和操作规范，并能应用自如是保证机电设备安装、调整、维修等工作的质量并提高工作效率的必需技能。

（1）常用工具

1）扳手类。扳手是用杠杆原理拧转螺栓、螺钉、螺母和其他螺纹紧固件的手工工具。扳手通常在柄部的一端或两端制有夹持螺栓或螺母的开口或套孔。使用时沿螺纹旋转方向在柄部施加外力，就能拧转螺栓或螺母。扳手包括活扳手、呆扳手、套筒扳手、内六角扳手等，通常用碳素结构钢或合金结构钢制造，图1-1所示为几种常用扳手的示例。

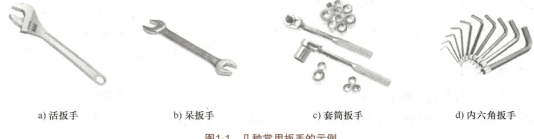

a）活扳手　　　　b）呆扳手　　　　c）套筒扳手　　　　d）内六角扳手

图1-1　几种常用扳手的示例

2）螺钉旋具类。螺钉旋具是一种用来拧转螺钉以使其就位的常用工具。螺钉旋具按不同的头型可以分为一字头、十字头、米字头、星形头、方头、六角头、Y形头等，如图1-2所示。根据规格标准，螺钉旋具顺时针方向旋转为嵌紧螺钉，逆时针方向旋转则为松出螺钉。

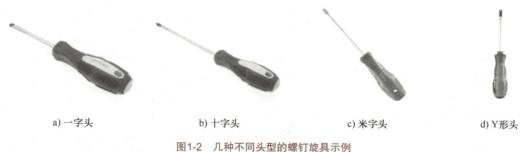

a）一字头　　　　b）十字头　　　　c）米字头　　　　d）Y形头

图1-2　几种不同头型的螺钉旋具示例

3）手钳类。手钳是一类用于夹持、固定加工工件或扭转、弯曲、剪断金属丝线的手工工具。手钳根据形状不同，分为尖嘴、平嘴、扁嘴、圆嘴、弯嘴等样式，以适应不同形状工件的作业。手钳根据功能不同，又可分为钢丝钳、尖嘴钳、斜口钳、圆嘴钳、剥线钳等，如图1-3所示。

螺钉旋具

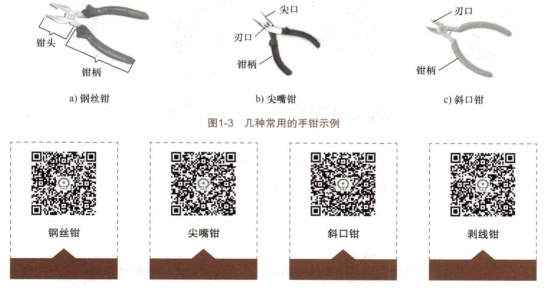

4）其他常用工具。除了各类扳手、螺钉旋具、手钳等通用工具外，机电设备的安装与维修也经常会用到各类锤击工具（如锤子）、挡圈钳、压装工具、台虎钳、刮刀、轴承工具、压线钳等，如图1-4所示。

5）注意事项。手钳的规格应与工件规格相适应，以免手钳小、工件大造成手钳受力过大而损坏。使用时应先擦净手钳上的油污，以免工作时滑脱而导致事故，使用完后保持清洁，及时擦净油污。严禁用手钳代替扳手拧紧或拧松螺钉、螺母等带有棱角的工件，以免损坏螺栓、螺母等工件的棱角。不允许用钳柄代替撬棒撬物体，以免造成钳柄弯曲、折断或损坏，也不可用手钳代替锤子敲击机电设备的机械结构。

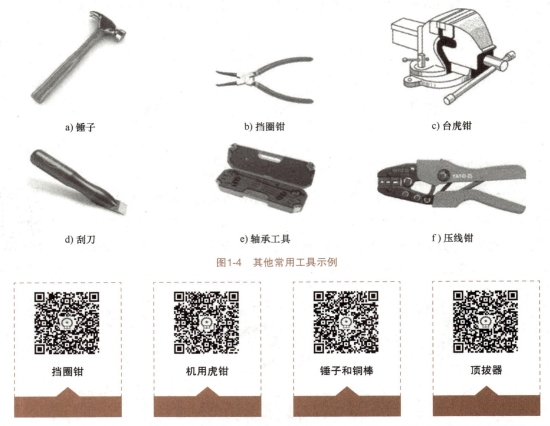

图1-4 其他常用工具示例

（2）常用量具　机电设备在安装或维修时必须按照规定的精度标准或精度项目进行各项精度检验和实验，以全面衡量机电设备安装或维修的质量、精度和工作性能等。因此，需要根据安装维修方案和计划准备相应规格、精度的安装维修检测量具。

常用的量具包括塞尺、水平仪、经纬仪、水准仪、准直仪、平板、角度尺、靠尺、千分尺、百分表、兆欧表、寻线仪等。

塞尺的介绍

1）塞尺。塞尺是用来检验两结合面之间间隙的一种精密量具。它由一些不同厚度的薄金属片组成，每一片上都标有厚度。也有楔形结构的游标塞尺。

使用塞尺测量间隙时，塞尺表面和准备测量的间隙内需要清理干净。选择合适厚度的单片塞尺插入间隙内进行测量，用力不能过大，需松紧适宜。若没有合适厚度的单片塞尺，可组合几片进行测量，但其片数不能超过三片。根据插入的塞尺厚度，即可读出间隙的数值。

2）水平仪。常用的水平仪有条式和框式两种，其主要工作部分是水准器。水平仪上有一个主水准器,用来测量纵向水平度,还有一个副水准器,用来确定横向水平度。常用的水准器有管式水准器和圆式水准器,如图1-5所示。管式水准器的管内盛酒精、乙醚或两者混合的液体,并留有一气泡;管面上刻有间隔为2mm的分划线,分划的中点称为水准管的零点;过零点与管内壁在纵向相切的直线称为水准管轴;当气泡的中心点与零点重合时,称为气泡居中,气泡居中表示水准管轴位于水平位置。圆式水准器是一个封闭的圆形玻璃容器,留有一小气泡;容器顶盖中央刻有一小圈,小圈的中心是圆水准器的零点;通过零点的球面法线是圆水准器的轴,当圆水准器的气泡居中时,表示圆水准器的轴位于铅垂位置。

条式水平仪

a) 管式水准器　　　　　　　　　　b) 圆式水准器

图1-5　水准器示例

测量前,必须将水平仪的工作表面和被检测结构面清洁好,以免产生测量误差;测量操作时,手握水平仪握把,不要用手触碰水准器的玻璃管或对其吹气(避免温度影响,玻璃管内的液体对温度变化敏感),以免影响水平仪的读数精度;观察水准器内的气泡位置时,视线要垂直对准玻璃管,否则读数不准。

测量操作时,水平仪要轻拿轻放、放正放稳;不得在被测平面上将水平仪拖来拖去(此行为会加速磨损水平仪的测量面);当调整机电设备的水平需要敲打设备下的垫铁时,必须将水平仪提起,防止将其振坏;当检查机电设备立面的垂直度时,应均匀地用力将水平仪紧靠在机电设备的立面上,并通过透光法检测或用塞尺测量出数值。

水平仪从低温环境拿到高温环境中使用时(或相反),不得立即测量读数,也不得在强光或日光照射下使用;水平仪使用完后要擦干净并涂上一层机油,放入盒内,妥善保管。

3)百分表。百分表是通过齿轮或杠杆将直线位移(直线运动)转换成指针的旋转运动,然后在刻度盘上进行读数的长度测量仪器,如图1-6a、b所示。

百分表与磁力座

百分表主要由表体部分、传动系统和读数装置组成,其结构较简单,外廓尺寸小、重量轻,传动机构惯性小,传动比较大,可采用圆周刻度,并且有较大的测量范围。百分表不仅能进行比较测量,也能进行绝对测量,常用于几何误差以及小位移的长度测量,齿轮式百分表的内部传动结构如图1-6c所示。

使用时将指示表稳定、可靠地固定在表座或表架上，装夹指示表时夹紧力不能过大，以免套筒变形卡住测杆，如图 1-6d 所示。调整表的测杆轴线，使其垂直于被测平面，对于圆柱形工件，测杆的轴线要垂直于工件的轴线，否则会产生很大的误差并损坏指示表。

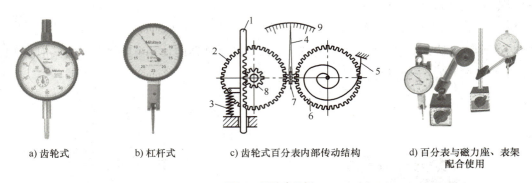

a) 齿轮式　　b) 杠杆式　　c) 齿轮式百分表内部传动结构　　d) 百分表与磁力座、表架配合使用

图1-6　百分表示例

1—测杆　2、6、7、8—齿轮　3—弹簧　4—指针　5—游丝　9—表盘

测量前调零位，绝对测量用平板作零位基准，比较测量用对比物（量块）作零位基准，调零位时先使测头与基准面接触，压测头使大指针旋转大于一圈，转动刻度盘使 0 线与大指针对齐，然后把测杆上端提起 1~2mm 再放手使其落下，反复 2~3 次后检查指针是否仍与 0 线对齐，如不齐则重调。测量时，用手轻轻抬起测杆，将工件放入测头下测量；不可把工件强行推入测头下，具有明显凹凸的工件不能用指示表测量。

不要使测杆突然撞落到工件上，也不可强烈振动、敲打指示表；测量时注意表的测量范围，不要使测头位移超出量程，以免弹簧过度伸长，损坏指示表；不要使测头与测杆做过多无效的运动，否则会加快表内零件的磨损，使指示表失去应有的精度；当测杆移动发生阻滞时，不可强力推压测头，须送计量室处理。

4）兆欧表（指针式）。兆欧表大多采用手摇发电机供电，故又称为摇表。它的刻度是以兆欧（MΩ）为单位的，是机电设备安装与维修中常用的一种测量仪表，图 1-7 所示为兆欧表示例。兆欧表主要用来检查电气设备或电气线路对地及相间的绝缘电阻，以保证这些设备、电器和线路工作在正常状态，避免发生触电伤亡及设备损坏等事故。

兆欧表的工作原理是用一个电压激励被测装置或网络，然后测量激励所产生的电流，利用欧姆定律测量出电阻。其电压等级应高于被测物的绝缘电压等级，一般情况下，测量低压电气设备绝缘电阻时可选 0~200MΩ 量程的兆欧表。

兆欧表使用时应放在平稳、牢固的地方，且远离大的外电流导体和外磁场。被测设备表面应清洁干净，以减少接触电阻，确保测量结果的正确性。测量前必须将被测设备电源切断，并对地短路放电，不能让设备带电进行测量，以保证人身和设备的安全。对可能感应出高压电的设备，必须消除这种可能性后才能进行测量。测量前应将兆欧表进行一次开路和短路试验，检查兆欧表是否良好。在兆欧表未接上被测物之前，摇动手柄使发电动机达到额定转速（120r/min），观察指针是否指在标尺的"∞"位置；将接线柱的线"L"和地"E"短接，缓慢摇动手柄1/2～3/4圈，观察指针是否指在标尺的"0"位。如指针不能指到规定的位置，则表明兆欧表存在故障，应检修后再使用。

指针式兆欧表

a) 摇表-指针式　　　　b) 电子指针式　　　　c) 电子数显式

图1-7　兆欧表示例

测量时兆欧表必须正确接线。兆欧表上一般有三个接线柱，其中L端接在被测设备内与大地绝缘的导体部分，E端接被测设备的外壳或大地，G端接在被测设备的屏蔽上或不需要测量的部分。测量绝缘电阻时，一般只用L和E端，但在测量电缆对地的绝缘电阻或被测设备漏电流比较严重时，需要使用G端，此时将G端接屏蔽层或外壳。线路接好后，可按顺时针方向转动摇把，摇动的速度应由慢渐快。当转速达到额定转速时，保持匀速转动约1min后读数，并且要边摇边读数，不能停止摇动后再读数。

摇把转动时其端钮间不许短路，摇动手柄应由慢渐快，若发现指针指零说明被测绝缘物可能发生了短路，这时就不能继续摇动手柄，以防表内线圈发热损坏。读数完毕后，将被测设备放电。放电方法是将测量时使用的地线从兆欧表上取下来与被测设备短接一下即可（不是兆欧表放电）。

5）寻线仪。寻线仪是开展视频监控、安防等综合布线和设备维护的实用工具，广泛应用于同轴电缆线、视频监控线的维护和布线领域。寻线仪由发射器、接收器两部分组成，在发射器上有RJ11、RJ45接口，前者是电话线接口，后者是网线接口。使用时先将电话线或网线插入发射器上对应的接口位置，将功能开关拨到寻线，然后将众多线缆的尾部分别插入接收器，或将探头靠近目标线缆，若蜂鸣器发出报警声音则说明此时接收器和探头对应的是同一根线。寻线仪用于追踪视频线、金属电缆，可判断线路状态，识别线路故障，并且能用于寻找单根导线。

2. 起重工具与起重设备

机电设备在安装和维修过程中，起重工作量所占的比例可达 30%～80%，为了提高效率和保证安全，必须根据安装任务和现场情况来考虑起重作业方法，选择合适的起重机械和起重工具。

（1）简单起重机械

1）撬棍和滚筒用于机电设备的短距离搬运，如图 1-8 所示。通常在设备底座下方放置垫板，垫板下面放置滚筒，用撬棍来撬动设备向确定的方向和位置移动。撬棍常用材料有钢棍和木棍等，滚筒常用材料有厚壁钢管等。

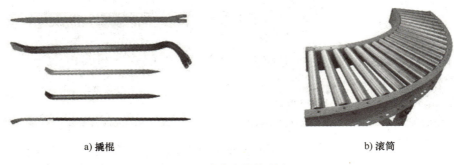

a) 撬棍　　　　　　　　　　b) 滚筒

图1-8　撬棍与滚筒示例

2）滑轮和滑轮组。滑轮由可绕中心轴转动的有沟槽圆盘和跨过圆盘的柔索（绳、胶带、钢索、链条等）组成分为定滑轮和动滑轮两种。

定滑轮使用时滑轮的位置固定不变，定滑轮实质是等臂杠杆，不省力也不费力，但可以改变作用力的方向；动滑轮使用时滑轮随重物一起移动，动滑轮实质是动力臂为阻力臂二倍的杠杆，省 1/2 力，多费 1 倍距离。

3）轮轴。轮轴是一种杠杆，可以省力。

4）斜面。把重物搬上高处时，往往搭一块倾斜的厚木板或滚筒架，沿厚木板或滚筒架将重物推上车，比直接垂直搬上高处省力。

5）螺旋。螺旋是斜面的变形，使重物沿螺旋面上升比垂直上升省力。

图 1-9 所示为简单起重机械示例。

（2）常用起重机械

1）千斤顶。千斤顶是一种用较小的力量就能把重物升高、降低、移动（水平移动）的结构简单且使用方便的起重设备。常用的有螺旋千斤顶和液压千斤顶，如图 1-10 所示。使用千斤顶时不要超过千斤顶容许的最大顶重能力和顶升高度。顶升重物前，千斤顶应放在牢固的地面或基础上并保持垂直，顶持点必须具有足够的强度。顶升时要均匀摇动手柄，避免冲击。放松千斤顶使重物下落时要检查重物是否支承牢固，缓慢下放保证安全。

a) 滑轮　　　　　b) 轮轴　　　　　c) 斜面　　　　　d) 螺旋

图1-9　简单起重机械示例

a) 螺旋千斤顶　　　　b) 液压千斤顶

图1-10　千斤顶示例

螺旋千斤顶常用于中小型机电设备的安装，起重量为30～50kN；液压千斤顶利用手动液压泵将油液压入液压缸内，推动活塞将重物顶起。

2）手动液压铲车。在起重作业中，经常使用手动液压铲车对小型机电设备进行短距离运输并安装到位，如图1-11所示。手动液压铲车的工作原理与液压千斤顶原理相同，都是利用杠杆增力和液压增力。通过持续手动增压，手动液压铲车可以将设备抬起后移动到位。移动过程中不可触碰卸荷开关（扳手），以免液压系统卸荷，导致设备落下。移动到位后，扳动卸荷开关（扳手）泄压，将设备缓慢放下。手动液压铲车不可超载工作，移动过程应在平整的地面上进行。

3）手动链式起重机（链式葫芦）体积小、重量轻、效率高，起吊重量一般不超过100kN，如图1-12a所示。在机电设备的安装与维修工作中，手动链式起重机常与起重三脚架、龙门架配合使用，主要用于吊起小型机电设备，起吊高度一般不超过3m。利用链条、花键齿轮、摩擦片、棘轮、制动器座等部件来提升或降下重物。使用中禁止用两台（含）手拉葫芦同时吊同一重物，不得吊挂超过规定起重重量的物体，不可斜拉重物和横向牵引。

手动液压叉车

图1-11　手动液压铲车示例

4）电动葫芦。电动葫芦是一种小型轻便的起重设备，它将电动机、减速器、卷筒和制动器安装在一个箱体内，结构非常紧凑，如图 1-12b 所示。电动葫芦既可以固定地悬挂在高处垂直提升重物，也可悬挂在沿轨道行走的小车上，构成桥式起重机，起吊重量为 5～100kN，提升高度 6～30m。

a) 链式葫芦　　　　　　　　　　　　　　b) 电动葫芦

图1-12　链式葫芦与电动葫芦

5）桥式起重机。桥式起重机俗称天车或行车，安装在车间有一定高度的轨道上，行走在车间，用于吊运设备和物品。其整体结构包括车间纵向轨道、基础、桥架（用两大型工字型槽钢和多道横梁焊接而成）、桥架运行机构、桥架行走机构、起重小车、起重小车运行机构、起重小车行走机构、起重小车升降机构、操作室等。桥式起重机有三种运动，即桥架沿车间纵向轨道往复运动、起重小车沿桥架（横向）轨道的往复运动、起重小车上的起重钩上、下垂直运动。操作中每种运动只能单独完成，合成完成时容易出事故，操作桥式起重机必须持有上岗资格证。

（3）起重工具　常用起重工具包括绳索、吊钩、卸扣和吊索等，如图 1-13 所示。

a) 绳索　　　　　b) 吊钩　　　　　c) 卸扣　　　　　d) 吊索

图1-13　常用起重工具示例

1）绳索。常用的起重绳索有麻绳、钢丝绳、吊装带等。起吊物体的重量不得超过绳索的承载能力。使用钢丝绳时不能使它发生锐角曲折或被压成扁平；钢丝绳与设备构件等的尖角直接接触时，需要垫木块；钢丝绳存放前应保持清洁并涂防锈油。

2）吊钩，又称起重钩，具有单钩和双钩结构。单钩适用于较轻的起重量，双钩适用于较重的起重量。使用吊钩时不得超过标注许用载荷，以保证安全，吊钩不得出现剥裂、裂纹等。

3）卸扣，又称起重卡环、U形起重卡环，是起重作业中使用最广而且灵便的连接工具，主要有螺旋可拆卸式卸扣和销子式卸扣。

4）吊索，又称吊绳或千斤绳，是用来捆吊重物用的钢丝绳。吊索自重小、刚性大，常与卸扣配合使用，不能用于起吊高温重物。

3. 机电设备安装的基础

（1）地基及基础设计

1）基础。埋入土层一定深度的、机电设备底部下面承重的结构部分称为基础。

2）地基。机电设备的全部载荷是通过基础传递至土层的，载荷会使土层产生附加的应力和变形。在载荷的作用下，土层附加的应力和变形不能忽略，这部分土层称为地基。

3）地基的作用。地基能够承受机电设备及其基础的全部载荷，并承受机器运转时的各种惯性力的作用，地基能够保证设备不发生整体或局部沉陷，并排除地下水、流沙、松散土质对设备运行的影响。图1-14所示为机电设备的基础和地基示例。

a) 室外基础

b) 室内基础

图1-14　机电设备的基础和地基示例

4）对地基土层的要求。为保证机电设备的正常运转，地基的土层必须具有一定的强度、刚度和稳定性。

5）地基的加固处理。当地基的强度和变形不能满足设计要求时，对地基土要进行加固处理，以提高地基土的强度和稳定性，降低地基土的压缩性，减少基础的沉降。

6）地基的加固方法如图 1-15 所示，主要有如下几种：

① 机械压实法。包括机械碾压法、重锤夯实法、振动压实法等。

② 换土垫层法。挖除弱土层，填充强度较大的材料并分层夯实。

③ 挤密法。在较弱的地基中先成孔，然后填以沙、土、石等材料，并分层振实成桩。

④ 化学加固法。利用化学浆液或胶结剂，通过压力灌注或搅拌混合，将地基土粒和浆液胶结，改善地基性能（典型的有注浆法、灌浆法）。

a) 机械压实法　　　　b) 换土垫层法　　　　c) 挤密法　　　　d) 化学加固法

图 1-15　地基的加固方法

（2）机电设备安装基础的作用与要求

1）机电设备安装基础的作用是将机电设备牢固地固定在规定的位置上，承受机电设备的全部重量，承受机电设备工作时由于作用力产生的载荷，并把它均匀地传递到地基中，吸收和隔离因动力作用产生的振动，防止发生共振现象。

2）机电设备安装基础要求具有足够的强度（有足够的承载能力），足够的刚度（受力不发生变形），足够的稳定性（承载不发生过度的沉陷、倾倒），有一定的吸收振动或隔振的能力。

（3）机电设备安装基础的分类

1）按承受的载荷分类，基础可分为静载荷基础（只承受自身重量和内部物料重量的静载荷）和动载荷基础（除了本身自重的静载荷外，还承受机械运转时的不平衡机械结构惯性力或冲击力产生的动载荷）。

2）按结构分类，基础可分为单块式基础（实体式、地下室式、墙式、构架式）和大块式基础（整体式、框架式），如图 1-16 所示。

（4）地脚螺栓的安装　为防止机电设备在工作时发生移位、振动和倾覆，必须将机电设备与基础用地脚螺栓连接起来。常用的地脚螺栓安装方式有：

1）固定式地脚螺栓。与基础浇注在一起的地脚螺栓称为固定式地脚螺栓，主要用来固定那些工作时没有强烈振动和冲击的轻型机电设备。固定式地脚螺栓有直钩螺栓、U 形螺栓、弯钩螺栓、弯折螺栓、爪式螺栓、锚板螺栓等。固定式地脚螺栓安装时有垂直度与离壁间隙要求，安装完毕后，螺栓顶部应露出 2～3 个螺纹；安装方法可分为一次灌浆法（预先放入地脚螺栓，整体浇灌基础）和二次灌浆法（基础内预留地脚螺栓孔，机电设备安装就位后穿上地脚螺栓，混凝土浇灌预留孔）。

a）单块式基础

b）大块式基础

图1-16　机电设备的不同类型安装基础示例

2）活动式地脚螺栓。在基础浇灌时留出地脚螺栓的安装孔，待设备到位后再安装的地脚螺栓称为活动式地脚螺栓，一般用于固定有强烈冲击和振动的重型设备。活动式地脚螺栓有 T 形头螺栓、拧入式螺栓、对拧式螺栓等。活动式地脚螺栓分为两种类型，一种下端带有螺纹，穿过锚板与螺母连接；另一种下端为矩形头，锚板有一个矩形槽，安装时依据标记将地脚螺栓矩形头正确地嵌入锚板矩形槽内。

3）膨胀式地脚螺栓。利用螺栓受力后的轴向移动，使胀管直径变大，形成对螺栓孔壁的侧向张力，将螺杆在地脚螺栓孔中楔住。膨胀式地脚螺栓施工简单、定位准确，不需要预埋，但埋深较浅，受到冲击、振动时易失效。安装时，用电锤钻出合适直径的孔，安装后一般需灌入胶合剂。

（5）地脚螺栓偏差的处理　固定式地脚螺栓与基础浇注在一起，为了不影响机电设备的安装质量，对产生偏差的地脚螺栓必须进行处理，如图1-17所示。

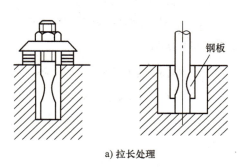
a）拉长处理

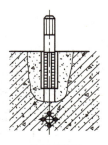
b）接长处理

图1-17　地脚螺栓偏差的处理示例

1）中心距偏差的处理。偏差较小时用錾子挖除部分混凝土后，再用氧-乙炔火焰加热地脚螺栓根部,并用锤子或千斤顶校正,同时在弯曲处焊上钢板,调整好后补灌混凝土;偏差较大时挖除部分混凝土,切断地脚螺栓,然后用钢板补足偏差距离,并在螺栓两侧补焊长度不小于螺栓直径3~4倍的钢板,调整好后补灌混凝土。

2)标高差的调整。地脚螺栓露出过高,需要割去多余高度并重新加工螺纹;地脚螺栓露出过少,则挖除部分混凝土,将螺栓加热拉长后在缩颈处焊上钢板,调整好后补灌混凝土;地脚螺栓偏差过大时,则割断螺杆,补焊一根新螺杆并用钢板加固,处理完成后补灌混凝土。

(6)地脚螺栓的紧固 地脚螺栓的紧固是指通过地脚螺栓使机电设备与基础牢固的连接。安装时要使螺母、垫圈与机电设备的地脚螺栓孔上的平面紧密贴合。拧紧螺母前,应在螺纹处涂油(一般为润滑脂,以防生锈,否则当需要调整机电设备时,螺母无法松动)。紧固扳手使用标准扳手,不可随意加长手柄,以防力矩过大、拉坏螺纹。拧紧螺栓组时从中间开始按照对称、对角、交错的顺序进行,施力均匀且多次循环拧紧,严禁一次拧到位和拧完一边再拧另一边。图1-18所示为机电设备与基础间地脚螺栓组常用拧紧顺序的示例。

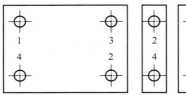
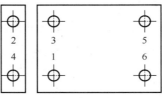
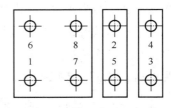

a)设备与地基接触平面较小

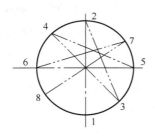
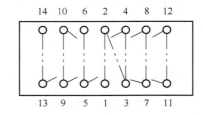

b)设备与地基为圆形接触平面　　　　c)设备与地基具有较大的接触平面

图1-18　地脚螺栓组常用拧紧顺序示例

(7)基础施工与验收 基础的施工一般由专业的土建施工单位完成,基础施工的内容和顺序包括按设计要求放线、挖地坑、进行地基处理;装设模板、安放、绑扎钢筋,准确地安放地脚螺栓或螺栓预留孔的模板;测量检查标高、中心线及各部分尺寸;浇灌混凝土;混凝土养护;拆除模板;检查浇灌情况,对不合格处进行补救处理等。

(8)注意事项

1)混凝土基础的养护与预压。混凝土浇灌完成后,需要进行7~14天养护才能安装机电设备。为避免基础因设备工作时的振动而下沉，在安装设备前应对基础进行预压试验。加压重量为设备重量的1.5～2倍，预压时间为3～5天。设备安装完成后一般需要经过15～30天后才能开车运行，否则混凝土强度没有完全达到设计要求会损坏基础而影响生产安全。

2）混凝土基础的灌浆。混凝土常用材料为水泥、砂子、石子、水、钢筋等。石子、砂子中含土等杂质的比例不得大于5%，硫化物及硫酸盐的比例不得大于1%。混凝土的配合比要达到混凝土的强度等级要求，水泥、砂子、石子和水必须按照一定的比例进行配置，并经检验符合强度要求，方可用于施工。

混凝土的强度等级用"C+强度数字"表示（C20，20MPa），一般基础常用的混凝土强度等级为C20和C15。

3）基础质量的检查与验收。基础表面不应有蜂窝、麻面、孔洞、裂纹、分层现象的存在；检查基础的标高、平面位置、中心标板和标高基准点的埋设，纵横中心线、标高标记等是否符合要求；地脚螺栓预留孔位置检查；对受到腐蚀介质影响较大的基础，应检查特殊防腐层的状态；混凝土强度检查。图1-19所示为部分基础验收检查项目与内容示例。

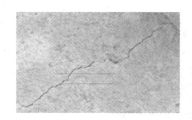  

a）基础裂纹检查　　　　b）标高检查　　　　c）混凝土强度检查

图1-19　部分基础验收的检查项目与内容示例

（四）机电设备安装与验收的一般流程

1. 概述

（1）机电设备安装的重要性　机电设备的安装是机电设备从制造到投入使用的必要过程，一台机电设备是否能正常工作，在很大程度上取决于机电设备安装的质量。

（2）机电设备安装人员的任务

1）借助必要的工具和仪器按照一定的工艺规程，采用合理、科学的操作方法和操作规范将机电设备正确地安装在预定的位置上。

2）完成设备安装前的清洗、组装。

3）检查和处理设备在运输、存放中造成的变形、损坏、遗失等问题。

（3）机电设备安装的分类

1）对于联动机电设备的安装，设备之间有严格的相互位置关系，安装时必须找正中心、标高、水平，安装时机电设备内各部分间的移动误差为毫米级，甚至达到百分之一毫米级。

2）单独机电设备的安装主要是找正水平的要求，对中心线和标高的要求不高，单独机电设备间的移动误差为十毫米级。

（4）机电设备的一般安装过程　各种机电设备尽管其结构、性能所有不同，但安装工序基本一致。一般均需经过运、吊就位、安装（找平、找正、灌浆）、清洗、润滑、检验、调整、试运行，最终投入正常运行和生产。通常大型设备采用分体式安装法，小型设备采用整体式安装法。

2. 机电设备安装前的准备

（1）组织准备　根据机电设备安装工程特点、施工部门的具体情况，建立施工组织机构，明确职责、统一指挥、分工合作，图1-20所示为典型的机电设备安装的组织结构示例。

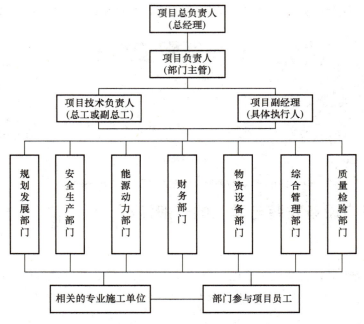

图1-20　机电设备安装的组织结构示例

（2）技术准备

1）准备需要的技术资料，至少包括施工图、设备图、说明书、操作规程等。

2）熟悉技术资料，领会设计意图，做到心中有数。

3）了解机电设备的机构、特点及其与其他机电设备之间的关系，确定安装步骤和操作方法。

（3）工具准备　根据技术资料和机电设备的安装要求准备工具。包括一般工具、特殊工具和机具（需要专门设计制作）、起重运输工具、检测和测量工具。

（4）材料准备　准备安装所需的材料，主要包括安装和清洁用的垫铁、棉纱、润滑油、煤油等配套件与耗材。

3. 机电设备的开箱与检查验收

（1）开箱

1）为避免设备机件的混乱、遗失，开箱工作应配合安装施工顺序进行，开箱地点应为清洗或安装地点，减少开箱后的搬运工作量。

2）开箱一般从顶板开始，拆开顶板并查明箱内机电设备的支承情况后，再拆除其他箱板。开箱时应使用起钉器、撬棍等工具，不得用锤子敲击箱体。

3）开箱后，精密的机械结构和附件应放置在搁板或专用台架上。

（2）检查验收

1）开箱前验收。检查外包装是否完好无损，有无因包装破损导致的机电设备损坏，有无变形、受潮、锈蚀或数量短缺，完成相应的照相和记录以便后期索赔。

2）开箱后验收。依据装箱明细表和设备明细表及其他文件，立即检查验收，验收时参考机电设备的技术性能参数、操作规范及其他技术文件。对需要试压而又不便在安装位置上试压的机件、设备等，应在检查中及时完成试压工作。

准确、详细地记录检查、开箱验收结果和发现的问题，及时与有关方面交涉，合理解决问题后办理移交手续。在后续的安装中发现机电设备的缺陷、损坏和锈蚀等应及时提出，会同有关人员分析原因、妥善处理，以便后续的索赔与合同处理。

（3）注意事项　大型的机电设备应由设备供应商（代理商）与用户代表一同至现场开箱检验，并共同签署验收备忘录。

4. 机电设备的拆卸、清洗

拆卸和清洗是机电设备安装工作中不可缺少的重要工作，直接影响着机电设备安装维修后的使用寿命和生产产品的质量。

（1）拆卸

1）原则。可拆可不拆的坚决不拆。

2）拆卸前的准备。研究机电设备的技术文件，了解机械结构的连接与固定方法，牢记典型机械结构的位置，测量并记录机械结构的装配间隙，测量出它与有关结构的相对位置，做出标记和记录（文字、图形或现场拍照），确定正确的拆卸方法，准备必要的工具和设备。

3）拆卸的方法。主要有击卸、压、拉卸和温差拆卸法等。击卸使用的工具有锤子（钢质、铜质）、棒（纯铜棒、黄铜棒）等，适用于轴上机械结构的拆卸。压卸和拉卸，使用的工具有各种辅助工具（顶拔器、锤）、各类压力机等。压卸是利用压力机的力量使配合的结构体移动，拉卸是利用螺旋拉卸器（顶拔器）的力量使配合结构移动，适用于轴上结构体的拆卸，可用于拆卸过盈量较大的机械结构，拆卸时注意在轴的顶端使用辅助垫片以保护轴的中心孔。温差拆卸法是利用加热包容件或冷却包容件的方法，使装配件间的过盈量减小或形成间隙，到达拆卸的目的，适用于尺寸较大的过盈配合包容件的拆卸。

4）注意事项。一般拆卸应与装配依据相反的顺序进行；拆卸时回转的方向、厚薄端、大小头等必须辨别清楚，做好记号；拆下的机械结构必须有次序、有规律地安放，避免杂乱摆放和堆积；拆卸下的机械结构要尽可能地按照原来的顺序放置，做好记号，以免往回装配时恢复不了原有的装配顺序（有技术文件的参考技术文件中的装配图）；可以不拆卸或拆卸后将降低连接质量的机械结构，应尽量不拆卸（密封件、铆接件等）。

（2）清洗

1）目的。清除机械结构表面的油脂、污垢、粘附的杂质，以使机械结构表面干净并具有防锈能力。

2）清洗所用的材料和用具。清洗材料（碱性清洗剂、含非离子型表面活性剂的清洗剂、石油溶剂、清洗气相防腐剂的溶液）；清洗工具（油枪、油盘、毛刷、刮具、铜棒、防尘罩、空气压缩机等）。

3）清洗方法。初洗（去除旧油污、污泥、漆皮、锈层），细洗（除去机械结构加工表面的杂质），精洗（压缩空气吹机械结构，然后用煤油或汽油彻底冲洗）。

4）超声波清洗。利用超声波在液体中的空化作用，使污物层被分散、乳化、剥离而达到清洗目的。超声波清洗方式优于常规清洗方法，对于一些表面凹凸不平、有不通孔的机械结构，或者特别小而对清洁度有较高要求的产品（钟表和精密机械的结构件，电子元器件，电路板组件等），使用超声波清洗都能达到很理想的效果。

5）拆卸前的清洗。拆卸前的清洗主要是指拆卸前的外部清洗。外部清洗的目的是除去机电设备外部积存的大量尘土、油污、泥砂等脏物，以便于拆卸并避免将尘土、油泥等脏物带入厂房内部。外部清洗一般可采用自来水冲洗或压缩空气吹洗，并用刮刀、刷子配合进行，对于密度较大的厚层污物，可加入适量的化学清洗剂，并提高喷射水的压力和温度或增大压缩空气的流速。

6）拆卸后的清洗。常用的清洗液有有机溶剂（针对油污）、碱性溶液、化学清洗液（含表面活性剂）等。常用的除锈方法有人工除锈（钢丝刷、刮刀、砂布打磨），机械除锈（抛光、磨削、喷射）、化学（酸洗）和电化学除锈（阳极/阴极腐蚀）等。

5. 机电设备的安装

机电设备的安装包括设备主体、线路、管道等附属设备安装，涉及众多技术问题。在此仅就机电设备安装所需的垫铁、定位、放线和就位等常见关键技术内容进行简单介绍。

（1）垫铁

1）垫铁的作用。垫铁用于调整机电设备的标高和水平度，同时使机电设备的全部重量通过垫铁均匀地传递到基础上，减少机电设备的振动。

2）垫铁的种类。垫铁一般由铸铁、钢板制成，常用的有平垫铁、斜垫铁、开口垫铁、勾头垫铁和可调垫铁等形式，如图1-21所示。

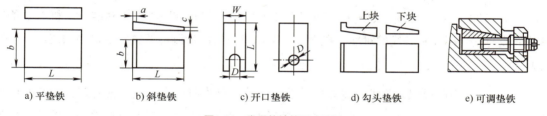

图1-21 常用垫铁的形式示例

3）垫铁的放置法。根据图样规定放置垫铁，放置高度在30～100mm（过高影响设备稳定性，过低二次灌浆不易牢固），放置垫铁的基础位置一定要平，机电设备底座下面的凸缘一定要放置垫铁，每组垫铁数目不超过三块，常用的垫铁放置方法如图1-22所示。

（2）机电设备的定位、放线和就位　机电设备的定位、放线和就位是指正确地找出并划出机电设备安装的基准线（包括机电设备和基础的基准线），然后根据这些基准线将机电设备正确地安装到预定设计位置上的实施过程。

1）机电设备定位的基本原则。机电设备的定位就是确定机电设备在工作场所的安装位置（包括排列、标高以及立体、平面间的相互距离等）。机电设备的定位首先要满足生产工艺的需求，兼顾机电设备平面位置的确定；要便于维护、检修，利于工序间的配合和衔接，并保障安全；同时，辅助设备、运输设备、电气设备、管路系统、通风设备等的布置要服从生产设备，既合理化又减少材料和能源的浪费；机电设备的排列要充分利用车间平面，发挥机电设备的最大效能，既能方便生产的管理又要排列整齐、视觉美观。

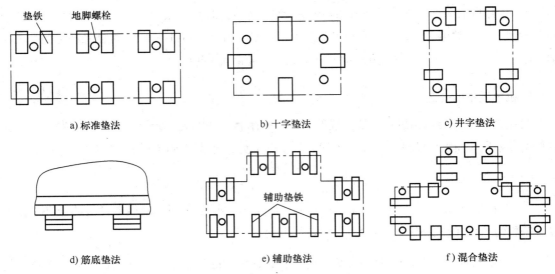

图1-22 常用的垫铁放置方法示例

2)基础放线。此步骤在基础工程完成后进行,根据机电设备在厂房内安装的位置图进行施工。典型的步骤包括:机电设备安装位置的基础中心线的划定(总的安装基准线、安装标高基准线);机电设备中心线的划定;机电设备中心线与安装基础中心线的对准以及机电设备标高基准线与安装标高基准线的对准;机电设备正确就位后的检测与调整以及最后的浇灌砂浆等实施过程。

3)机电设备的放线。机电设备在安装前必须找出其本身的中心线,使其就位时与基础上的基准线重合。机电设备找中心线的方法有矩形平面找中心线法、轴或圆孔找中心线法、地脚螺栓孔找中心线法以及根据侧面找中心线法等。

4)机电设备的就位。将机电设备实实在在地安放在由安装基准线和设备中心线确定的位置上。此时,机电设备的中心线与基础的纵、横向安装基准线重合,机电设备的标高满足设计标高的要求。

6. 机电设备的电气控制盘与电气连接

(1)仪表盘、控制台、电气柜及附属设备的安装

1)安装要求。按照设计文件施工,保障安装垂直度和水平度偏差合格,确保安装在光线充足、通风良好和操作维修方便的地方;仪表盘、柜、控制台内的构件应连接牢固,紧固件应采用不锈钢件。

2)底座的安装。仪表盘或控制台的底座必须与仪表盘底面大小一致,底座可用槽钢焊制而成,打磨毛刺焊瘤并做防腐处理;底座台面应高出地面,防止污水流入表盘。

3)将仪表盘搬上底座并找平、找正,可从第一块盘开始精确找准,并以此为基准调整其

他盘，找正找平后应紧固地脚螺栓，复核垂直度。

4）挂壁式箱、盘的安装。电气柜可直接安装在墙壁上或构架上，也可以用焊接方式安装在专用支架上，安装在墙面上时可用膨胀螺栓固定，深度一般为120～150mm，图1-23所示为仪表盘、控制台等设备的安装方式示例。

a) 仪表台

b) 设备的底座

c) 挂壁式安装

图1-23　仪表盘、控制台等设备的安装方式示例

（2）电缆的敷设

1）电缆敷设的要求。环境温度满足电缆材料施工的要求；满足最小弯曲半径的要求；避免交叉，控制线路电缆与电力电缆的间距应满足设计要求，或用金属隔板间隔敷设；隧道内的电缆应上架敷设，在潮湿、油污的场所应有相应的防腐、防油措施；功能不同的线路导线应分别采用各自的保护管。

2）电缆敷设路径的选择。沿最短路径敷设、集中敷设，敷设位置不影响设备及管道的检修与拆装；远离热表面，控制电缆与电力电缆应分层敷设，控制电缆应在电力线缆之下。

3）电缆保护管。在易燃与易积粉尘的地方应使用专用封闭的电缆保护管，保护管内径为电缆外径的1.5～2倍，保护管弯头不能超过两个，多于两个时应使用中间盒。

4）电缆敷设。设备使用前应对电缆外观和导通进行检查并检验；检查线缆间与保护层的绝缘情况，保护管穿线可借用钢丝引导，电缆敷设完毕应及时悬挂标志。

（3）导线的敷设

1）导线穿保护管敷设。机电设备常用的导线有绝缘铜芯线、补偿导线等。导线敷设应尽可能远离电磁干扰源；现场可采取穿钢管屏蔽的方式保护导线，保护钢管应用卡子牢固地固定在支架上而不能用焊接固定，保护管进电控箱时应均布在箱中心线两侧，并用管帽固定，可采用挠性管过渡与机电设备相连。

2）导线在汇线槽内敷设。在测量点集中的地方一般采用导线保护管和汇线槽混合的方式；补偿导线可穿保护管敷设或者敷设在线槽内，补偿导线不能和其他导线穿同一保护管。

（4）电缆与导线的连接及盘内配线

1）电缆与导线的连接。尽量利用接线端子板来连接电缆和导线；根据端子排的位置将多余的电缆割掉，剥去绝缘层以便引接，同时套上标号排；注意不要将绝缘部分压入端子排导致回路不同，防止线头压接不好造成开路；多股铜绞线应将线头拧紧并挂锡，使之成为整体；机电设备仪表盘、操控台、控制柜等接线前应校线，各线端应有正确、清晰不褪色的标号，线路中间不应有接头，导线连接时应留有余量。

2）盘内配线。应该按照设计文件要求进行，连接正确、牢固，接触良好，绝缘和导线没有损伤，整齐而美观。

（5）弱电系统的布线

电缆敷设前须先核准电缆型号、截面是否与设计相同，进行目测和物理粗测。对截面为 $25mm^2$ 及以上电缆，放缆时应增设电缆导向缆辘，以避免拉伤电缆。对于使用电缆规格相同的设备，放缆时应先远后近。电缆固定时，在转弯处弯曲半径不得小于电缆直径的 6 倍。

布放电缆的牵引力不得超过产品规定的限值；线缆的弯曲半径应符合下列规定：非屏蔽对绞电缆的弯曲半径至少为电缆外径的 4 倍，屏蔽对绞电缆的弯曲半径为电缆外径的 6~10 倍，主干对绞电缆的弯曲半径至少为电缆外径的 10 倍；线缆终接后应有余量（设备间为 0.5~1.0m，工作区为 10~30m）；对绞电缆、光缆及其他信号电缆应根据缆线的类别、数量、缆径、缆线芯数分束绑扎，绑扎间距不宜大于 1.5m，间距应均匀，松紧适度。

电源线、综合布线系统线缆分隔布放，最小净距符合对绞电缆与电力线的最小净距设计要求的规定；暗管或线槽中线缆敷设完毕后，在通道两端出口用填充材料封堵。

（6）电控柜的安装　电控柜是按电气接线要求将开关设备、测量仪表、保护电器和辅助设备组装在封闭或半封闭金属柜中，其布置应满足电力系统正常运行的要求，便于检修，不危及人身及周围设备的安全。

1）元器件安装。所有元器件应按制造厂规定的安装条件和操作规范进行安装。检查产品型号、规格、数量等与图样是否相符；检查元器件有无损坏；面板、门板上的元件中心线的高度应符合规定；组装所用紧固件及金属结构件均应有防护层；对螺钉过孔、边缘及表面的毛刺、尖锋应打磨平整后再涂敷导电膏。

保护接地连续性利用有效接线来保证，对于发热元件（例如管形电阻、散热片等）的安装应考虑其散热情况，安装距离应符合元件规定；安装因振动易损坏的元件时，应在元件和安装板之间加装橡胶垫减振；对于有操作手柄的元件应将其调整到位，不得有卡阻现象。

接线面每个元件的附近有标牌，标注应与图样相符，除元件本身附有供填写的标志牌外，标志牌不得固定在元件本体上，标号粘贴位置应明确、醒目，标号应完整、清晰、牢固。

2）二次回路布线。二次回路线缆的连接（包括螺栓连接、插接、焊接等）均应牢固可靠，线束应横平竖直、配置坚牢、层次分明、整齐美观。同一设备的相同元件走线方式应一致；所有连接导线中间不应有接头，每个电器元件的接点最多允许接两根线；每个端子的接线点一般不宜接两根导线，特殊情况时如果必须接两根导线，则连接必须可靠；二次线不得从母线相间穿过。

3）一次回路布线。一次配线应尽量选用矩形铜母线，当用矩形母线难以加工时或电流不高于100A时可选用绝缘导线；汇流母线应按设计要求选取，主进线柜和联络柜母线按汇流选取，分支母线的选择应以低压断路器的脱扣器额定工作电流为准，如低压断路器不带脱扣器，则以其开关的额定电流值为准；电缆连接在面板和门板上时，需要加塑料管和安装线槽；柜体出线部分为防止锋利的边缘割伤绝缘层，必须加塑料护套。

4）电柜布局。壁式箱体中心距离地面的高度为1.3～1.5m；成排箱柜安装时，要排列整齐；设备底座安装时，保持其表面的水平，有底座设备的底座尺寸应与设备相符；设备及其机械构件连接紧密、牢固，安装用的紧固件有防锈层；安装严格按图样施工、按技术说明书连线，安装牢固、整齐、美观；按系统设计图检查主机设备之间的连接电缆型号以及连接方式是否正确，金属外壳应接地良好。

楼道或弱电间挂式机箱的安装位置应能提供220V单相带地电源插座；引入管道与其他设施如电气、水、煤气、下水道等的位置间距应符合设计要求；引入缆线采用的敷设方法应符合设计要求；信号线最好只从一侧进入电柜，信号电缆的屏蔽层双端接地；控制电缆最好使用屏蔽电缆；模拟信号的传输线应使用双屏蔽的双绞线。

确保传动柜中的所有设备接地良好，使用短和粗的接地线连接到公共接地点或接地母排上；最好采用扁平导体（例如金属网），因其在高频时阻抗较低；为电柜低压单元、继电器、接触器使用熔断器加以保护，确保传导柜中的接触器有灭弧功能。

功率部件（变压器、驱动部件、负载功率电源等）与控制部件（继电器控制部分、可编程控制器等）必须要分开安装；电动机电缆应独立于其他电缆走线，其最小距离为500mm；同时应避免电动机电缆与其他电缆长距离平行走线。

为有效抑制电磁波的辐射和传导，变频器的电动机电缆必须采用屏蔽电缆；根据电柜内设备的防护等级，一般使用空调、风扇、热交换器、抗冷凝加热器等实现电柜防尘以及防潮功能，图1-24所示为电控柜内部安装示例。

a) 整体

b) 局部

图1-24 电控柜内部安装示例

7. 机电设备安装位置的检测与调整

机电设备安装位置的检测与调整安排在垫铁放置完成，机电设备吊装就位和机电设备试运转之前进行。目的是确保机电设备正好放置在规定的位置上（确保基准线、中心点、标高、水平度等参数与设计图样数据一致）。

（1）常用的机电设备中心的找正方法

1）挂线法对冲眼。

2）尺杆找正设备中心线。

3）垂直转动体找中心。

（2）机电设备常用的拨正方法

1）用撬棍或锤子拨正。

2）打入斜铁拨正。

3）液压千斤顶拨正。

（3）找正机电设备水平度

1）目的。保证机电设备的稳定和平衡，避免变形和减少运动中的振动；减少机电设备的磨损和动力消耗；保证机电设备的润滑和正常的运转；保证产品质量和加工精度等。

2）方法。常用的方法包括机电设备底座找平、轴承座找平、轴承座中找平、轴承外套上找平等。

（4）浇灌砂浆 机电设备安装完毕经过严格的找平找正之后，就需要进行二次灌浆。二次灌浆是指用混凝土将机电设备基础上预留的地脚螺栓孔和底座与基础表面间的空隙填满，并将垫铁也埋入混凝土里,使机电设备在基础上最后固定下来。方法有完全灌浆法、分层灌浆法和压浆法等。

8. 设备试运行与验收的流程

(1) 机电设备的试压　承受气压、液压的机电系统、设备中的压力容器、各种换热器、各类型压力管路系统、各类型安装后要求进行压力试验的机电设备,在组装完毕之后都必须进行压力试验。试验的目的是检验机电设备、管路的强度,各连接部位、焊缝有无泄漏,便于及时消除事故隐患。

1) 水压试验。利用水的不可压缩性,将水作为试验介质,借助水的压强检查容器所能承受的压强。

2) 气压试验。利用压缩空气充入承压的机电设备中进行强度试验,试验压力为工作压力的 1.1～1.2 倍。

3) 气密性试验。对机电设备的部件、管系检查其密封性能的试验。工作介质可为水、空气或惰性气体,压力一般为工作压力的 1.05 倍。

(2) 机电设备的试运转　机电设备的试运转是机电设备安装过程最后也是最重要的阶段。目的是对机电设备在设计、制造、安装等各方面的质量做一次全面的检查和考核,检验机电设备能否达到正常生产的要求。

1) 试运转前的准备工作。各项安装工作全部完成并检验合格;熟悉设备的技术资料、参数性能、操作程序以及安全守则;编制试运转方案,准备试运转所需的物料、辅料;准备各种计量仪器和仪表;在机电设备起动前做好紧急停车的准备,确保试运转安全。

2) 试运转的步骤。先手动、后机动,先空载、后加载,先低速、后高速,由部件到组件到单台机电设备;先单机再联动,前一个步骤未合格,不得进行下一个步骤的试运转。

3) 试运转后的工作。断开电源或其他动力源,消除机电设备负荷,检查各紧固件,清理现场,做好各项记录,完善各类表格,做好移交工作。

(3) 机电设备的交工验收(终验收)　交工验收是机电设备安装工程的最后一道工序,也是一项细致的工作。特别是"交钥匙"工程,要求技术资料齐全,试运转记录完成,性能完全达标,才能顺利实现终验收进入设备的质保期。

1) 交工验收的依据。设备购买合同、工程合同、设计文件、施工图样、设备技术说明书,国家现行施工技术验收规范,合同中约定的设备必须满足的国内、国际标准与规范以及验收标准等。

2) 交工验收的标准。工程项目按照合同规定和设计图样要求完成施工,达到国家规定的质量标准,满足使用的要求;辅助配套设施运转正常,设备调试、试运行达到设计要求和时间期限,技术资料、档案齐备。

  3)交工验收的步骤。准备工作(交工前的全面自检,制订设备试运行方案,交工前的各类资料准备);交工验收(预检工作,提交书面验收同时提供交工资料,组织相关单位、人员共同验收,验收合格后,相关人员在交工验收报告上签字并移交设备与资料);工程交接(交工验收合格并办理验收证书后,逐步办理固定资产的移交及工程结算手续,除保修工作内容外,合同双方的经济关系与法律责任予以解除,设备全部交付生产单位使用)。

任务二

机电设备的日常维护与大修

一、任务介绍

（一）学习目标

最终目标：在了解机电设备润滑与日常维护相关知识的基础上，能够编制典型机电设备日常维护计划，并具备开展机电设备日常维护的能力。

促成目标：掌握机电设备润滑材料选择与应用的方法，具备根据设备类型合理编制设备日常维修计划和大修方案的能力。

（二）任务描述

1）了解机电设备的润滑及常用润滑材料的特性。

2）掌握机电设备的日常维护管理与维护方法。

3）了解机电设备大修的基础知识和大修方案的编制。

（三）相关知识

1）机电设备的润滑与润滑材料。

2）润滑材料的选用与润滑方式。

3）润滑的技术要点与润滑制度。

4）机电设备的日常维护与保养。

5）机电设备的保养制度。

6）智、精、大、稀机电设备的使用维护要求。

7）设备大修的内容和技术要求。

（四）学习开展

机电设备的日常维护与大修（10学时）。

（五）上手操练

任务：编制PLC-伺服放大器-交流伺服电动机-滚珠丝杠副运动系统的日常维护计划。设备工况：室内环境、输入电压AC 220V，3h×5天/周，伺服电动机额定转速1000r/min，短时工作，齿轮箱内一对直齿锥齿轮（减速比1）将转矩传递给丝杠副，丝杠直径10mm，工作行程1m，导程10mm，支承方式为单推-单推式，螺母随丝杠转动实现平移动作，滚珠为内循环式，滚珠螺母采用迷宫式密封圈，滚珠螺母上方固定轻载实现轴向的移动和定位（完成资料准备，润滑材料选择，各类工具检具和器具的准备，日常维护计划编制设计）。

二、机电设备的润滑

润滑就是在机械相对运动的接触面间添加润滑介质，使接触面形成一层润滑膜，从而把两个相互摩擦的表面物理地分隔开，减少两摩擦表面间的摩擦和磨损或其他形式表面破坏的措施。据统计，机械故障有60%是由于润滑不良引起的，液压设备70%以上的故障是由液压油系统引起的，可见润滑的重要性。现代机电设备日益向大型化、高速化、连续化和自动化方向发展，为了延长设备的使用寿命，根据摩擦部件的结构特点和工作条件正确、合理地润滑是机电设备日常维护的重要组成部分，合理的润滑能够减少机械磨损，防止锈蚀，保护设备并延长设备的使用寿命。

（一）润滑的主要作用和目的

润滑的主要作用有减少摩擦和磨损、防止锈蚀、冷却冲洗和密封防尘。图2-1所示为几种润滑作用的示例。

1）减少摩擦和磨损。在机电设备机械结构的摩擦表面间加入润滑材料，使相对运动构件的摩擦表面不发生或少发生直接接触，从而降低摩擦系数、减少磨损，这是机电设备润滑的主要目的。

2）冷却和冲洗作用。机电设备运转中因摩擦消耗的功全部转换为热量，引起摩擦部件的温度升高，当采用润滑油进行润滑时，润滑油不断从摩擦表面吸收热量，从而使摩擦表面的温度降低；同时，流动的润滑油膜可将机械结构的金属表面由于摩擦或氧化形成的碎屑或其他杂质冲洗带走，保证了摩擦表面的清洁。

3）防止锈蚀。机电设备机械结构摩擦表面的润滑油层使金属表面与空气隔绝，保护金属不发生锈蚀。

4）其他。润滑油还具有密封、防尘、减振、降噪等作用。

a) 减少摩擦和磨损

b) 冷却和冲洗

c) 防止锈蚀

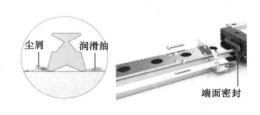

d) 密封防尘

图 2-1 润滑作用示例

（二）润滑材料

在机电设备的摩擦副之间加入的具有抑制摩擦、减少磨损的物质都可称为润滑材料，又称润滑剂。

1. 润滑材料的分类

按润滑材料的物质形态，可将润滑材料分为气体润滑剂、液体润滑剂、半固体润滑剂和固体润滑剂，如图 2-2 所示。

1）气体润滑剂采用空气、蒸汽、氮气等惰性气体作润滑剂，可使摩擦表面被高压气体分隔开，形成气体摩擦。气体润滑主要用于航空、航天设备及某些精密仪表。

2）液体润滑剂包括矿物润滑油、合成润滑油、溶解油或复合油、液态金属等。

3）半固体润滑剂是一种介于流体和固体之间的塑性状态或高脂状态的半固体，包括各种矿物润滑脂、合成润滑脂和动植物油脂等。

4）固体润滑剂包括石墨、二硫化钼、聚四氟乙烯等。固体润滑剂可在高温、高负荷、超低温、超高真空、强氧化或还原、强辐射等环境条件下实现有效的润滑，突破了油脂润滑的有效极限。

a) 气体润滑剂(惰性气体)

b) 液体润滑剂(润滑油)

c) 半固体润滑剂(润滑脂)

d) 固定润滑剂(二硫化钼)

图2-2　不同类型润滑材料的示例

2. 润滑油

（1）润滑油的种类和类别　润滑油是液体润滑材料，一般是指矿物油与合成油，尤其是矿物润滑油。目前全世界矿物润滑油的年产量近5000万t，占润滑材料总产量的95%以上。

1）润滑油的种类。润滑油主要分为矿物润滑油、合成润滑油以及植物润滑油等。其中矿物润滑油是目前最重要的一种润滑材料，它是利用从原油提炼过程中蒸馏出来的高沸点物质再经过精制而成的石油产品。矿物润滑油往往作为基础油，通过在基础油中添加清净剂、分散剂和黏度指数改进剂来提高润滑油的各项指标，使其成为我们常用的润滑剂。合成润滑油以石蜡、软蜡为原料，用人工方法生产。植物润滑油由蓖麻子油制成。

2）润滑油的类别。根据不同的使用要求，润滑油的类别可分为全损耗系统用油、齿轮油、汽轮机油、蒸汽机油、内燃机油、压缩机油、电器用油、防锈油和仪表油等。

（2）常用润滑油　根据GB/T 7631.1—2008的规定，润滑油的代号由类别、品种及数字组成。类别是石油产品的分类，润滑剂产品用L表示；品种是指润滑油的分组，按其应用场合分组，用相应的字母表示；数字则代表润滑剂的黏度等级。机电设备常用的润滑油包括：

1）全损耗系统用油（A）。全损耗系统用油是精制矿物润滑油，代替机械油使用，适用于一般全损耗润滑系统。

2）主轴油（F）。主轴油以精制的矿物油馏分为基础油，添加抗氧剂、防锈剂和抗磨剂等添加剂调制而成。适用于精密机床主轴轴承的润滑及其他以压力润滑、飞溅润滑、油雾润滑的滑动轴承或滚动轴承的润滑。

3）液压油（H）。液压油是一种具有良好抗氧化和防锈性能的矿物型液压油，具有良好的抗磨、抗氧、防锈、抗泡等性能。适用于机床和其他设备的低压齿轮泵、抗氧防锈的轴承和齿轮等，也适用于镀银钢-铜摩擦副和青铜-钢摩擦副的柱塞泵或有精密伺服阀和过滤器的其他类型液压泵。

4）导轨油（G）。导轨油以精制矿物油为基础油，加有抗氧、油性、防锈、黏附等添加剂，是一种具有良好的抗氧、防锈、抗磨和黏-滑性能的矿物型液压油。用于各种精密机床导轨或冲击振动摩擦点的润滑，能降低机床导轨的"爬行"现象。适用于各种机床导轨的润滑系统和机床液压系统。

5）压缩机油（D）。压缩机油是一种专用润滑油，用于压缩机内部摩擦机械结构间的润滑，具有良好的抗氧化稳定性、较高的黏度和闪点。包括空气压缩机油、气体压缩机油、冷冻机油和真空泵油等。

6）齿轮油（C）。齿轮油以精制的润滑油组分作基础油，加入抗磨、抗氧、防锈、抗泡沫等添加剂调制而成，适用于工业设备齿轮的润滑。

7）电器用油。电器用油具有较高的抗氧化稳定性和绝缘性能，低凝固点，油中的胶质、沥青质、酸性氧化物、机械杂质和水分含量少，有变压器油、仪表油和工艺油等。

（3）润滑油的指标 润滑油油品的主要理化性能指标包括：

1）颜色。润滑油的颜色与基础油的精制度和添加剂有关，一般为固定的颜色，但在使用或储存过程中会因为氧化而变质从而发生改变，变色程度与变质程度有关。若呈现乳白色，则表示有水或气泡存在，颜色变深则表示氧化变质或污染。

2）黏度。黏度是润滑油的重要质量指标，是选择润滑油的主要依据。黏度分为动力黏度、运动黏度和相对黏度三种。

动力黏度反映了液体受到外力作用流动时，在液体分子之间产生的内摩擦阻力的大小。用符号 η 表示，单位为 Pas（帕斯卡秒）。运动黏度是在相同温度下液体的动力黏度和液体密度的比值，用符号 ν 表示。$\nu = \eta/\rho$。运动黏度的工程单位为 mm^2/s，通常用 40℃时油液的运动黏度表示润滑油的牌号。相对黏度也称条件黏度，我国采用的相对黏度为恩氏黏度。

现在世界各国都统一用运动黏度来标注润滑油牌号，以表示其黏度范围。表 2-1 为各种黏度的单位及其换算公式。

表 2-1　各种黏度的单位及其换算公式

黏度名称		符号	单位	与运动黏度 ν 的换算关系
动力黏度		η	Pa·s	$\eta = \nu/\rho$
运动黏度		ν	mm²/s	$\nu = \eta/\rho$
相对黏度	恩氏黏度	°E	(°)	$\nu = 7.3°E - 6.31/°E$
	赛氏黏度	SSU	S	$\nu = 0.22SSU - 180/SSU$
	雷氏黏度	″R	S	$\nu = 0.26″R - 172/″R$
	巴氏黏度	°B	(°)	$\nu = 4580/°B$

3) 黏温特性。黏温特性是指润滑油的黏度随温度变化的程度。润滑油对温度的变化非常敏感，温度升高黏度减小，通常用黏度比或黏度指数表示。一般润滑油的黏度值越大，黏温特性越好，表示其黏度值随温度变化越大，越适用于温度多变或变化范围广的场合。

4) 闪点。在一定条件下加热油品，油蒸气与空气的混合气体同火焰接触发生闪火现象的最低温度即为该油品的闪点。

5) 酸值。中和 1g 油中的酸所需氢氧化钾的毫克数称为酸值。对于新油，酸值表示油品精制度，对于旧油，酸值表示使用过程中润滑油氧化变质的程度，酸值过大，表示氧化变质严重。

6) 凝固点（凝点）和倾点。在规定的试验条件下，试管内的试油冷却并倾斜 45°，经过 1min 后油面不再移动时的最高温度为凝固点。凝固点决定了润滑油在低温条件下工作的适应性。倾点指润滑油在规定条件下冷却到仍能继续流动的最低温度。倾点能更好地反映油品的低温流动性，国际上主要采用倾点表示润滑油的低温性能，倾点比凝点高 3℃ 左右，一般润滑油的工作温度比倾点高 3~4℃。

7) 机械杂质。机械杂质指油品经溶剂稀释后再过滤，在滤纸上残留的固体物占试验油的质量分数。机械杂质含量是油品的重要指标之一，它能够破坏油膜，加剧机械结构表面的研损和早期磨损，堵塞油路和过滤器。变压器油中的机械杂质还会降低其绝缘性能。

8) 残炭值。在不通空气的条件下加热油品，经蒸气分解生成焦炭状的残余物占试验油的质量分数为残炭值。

9) 灰分。试验油完全燃烧后所剩的残留物即为灰分，用占试验油质量的百分数表示。

（4）世界主要的润滑油品牌　目前世界知名的润滑油品牌主要有：长城（中国）、昆仑（中国）、壳牌 shell（英国/荷兰）、美孚 Mobil（美国）、道达尔 TOTAL（法国/比利时）、嘉实多 Gastrol（英国）、碧辟 bp（英国）、雪佛龙 Chevron（美国）、加美 Jama（加拿大）、FUCHS 福斯（德国）等。他们的产品广泛应用于航空航天、汽车、机械、冶金、矿采、石油化工、电子等领域。图 2-3 所示为世界主要润滑油品牌的商标示例。

图2-3 世界主要润滑油品牌的商标示例

顶级品牌的润滑产品都具有良好的润滑性能，同时又各有特质。例如，长城润滑油的高、低温性能突出，壳牌润滑油清洁性能优异，美孚润滑油长效性突出，嘉实多润滑油的油膜表现优异，道达尔润滑油清洁性能优秀，加美润滑油低碳理念突出，福斯润滑油省油、顺滑，雪佛龙润滑油的添加剂表现优异等。

3. 润滑脂

润滑脂俗称黄油或干油，是在润滑油（基础油）里加入稠化剂，把润滑油稠化成具有塑性膏状的润滑剂。

（1）润滑脂的分类　基础油通常采用矿物油，也可采用合成油，同时加入抗氧化、抗磨防锈等添加剂。稠化剂分为皂基和非皂基两种，由天然脂肪酸（动物脂肪或植物油）或合成脂肪酸和碱土金属进行中和（皂化）反应生成的脂肪酸金属盐即为皂。润滑脂按照不同的分类标准分类如下：

1）按被润滑的机械元件分为轴承脂、齿轮脂、链条脂。

2）按用脂的工业部门分为汽车脂、铁道脂、钢铁用脂。

3）按使用的温度分为低温脂、普通脂和高温脂。

4）按应用的范围分为多效脂、专用脂和通用脂。

5）按所用的稠化剂分为钙基脂、钠基脂、铝基脂、复合钙基脂、复合钡基脂、复合锂基脂等。

6）按使用的基础油分为矿物油脂和合成脂。

（2）润滑脂的指标　润滑脂的质量指标包括：

1）外观。润滑脂的外观主要内容包括颜色、光亮、透明度、纤维结构和均一性等。通过外观可以在一定程度上推断产品的质量。

2）锥入度。锥入度是指在外力作用下抵抗变形的程度，是衡量润滑脂稠度的一项指标。锥入度越大表示润滑脂的稠度越小，压送性越好，但重载条件下容易被从摩擦面间挤出。润滑脂锥入度的大小随温度的变化而变化，优良润滑脂的锥入度随温度的变化值较小，不易流失和硬化。

3）滴点。将润滑脂试样装入滴点计中以规定条件加热，从脂杯中滴落下第一滴油时的温度称为滴点。滴点越高耐温性越高，滴点应比使用温度高 15～30℃。

4）安定性。润滑脂的安定性包括胶体安定性、化学安定性和机械安定性。其中胶体安定性指在外力作用下润滑脂能在其稠化剂的骨架中存油的能力，用析油量来判定，当析油量超过 5% 时，此润滑脂就基本上不能使用了。氧化安定性指在储存和使用中润滑脂抵抗氧化的能力；机械安定性指在机械工作条件下抵抗稠度变化的能力。

5）抗水性。抗水性是指润滑脂在水中不溶解、不从周围介质中吸收水分和不被水洗掉的能力。

（3）常用润滑脂

1）钙基润滑脂。以动植物脂肪酸钙皂稠化矿物油制成，常用于电动机、水泵、拖拉机、汽车、冶金、纺织机械等的中等转速、中低负荷的滚动和滑动轴承润滑，价格低。

2）复合钙基润滑脂。以乙酸钙复合的脂肪酸钙皂稠化机油制成，具有较好的机械安定性和胶体安定性，适用于温度较高和潮湿条件下摩擦部位的润滑。

3）铝基润滑脂。以脂肪酸铝皂稠化矿物油制成，具有很好的耐火性，用于航运机械的润滑和金属表面的防腐，价格低。

4）钠基润滑脂。以脂肪酸钠皂稠化矿物油制成，适用于高、中负荷的机电设备润滑，价格较低。

5）钙钠基润滑脂。以脂肪酸钙钠皂稠化矿物油制成，广泛用于中负荷、中转速、较潮湿环境，工作温度在 80～120℃ 的滚动轴承及摩擦部位的润滑。

6）钡基润滑脂。由脂肪酸钡皂稠化矿物油制成，具有良好的机械安定性、抗水性、防护性和黏着性，适用于液压泵、水泵等的润滑。

7）锂基润滑脂。以高级脂肪酸锂皂稠化低凝固点、中低黏度矿物油制成，适用于高低温工作的机械、精密机床轴承、高速磨头轴承的润滑，价格适中。

8）极压锂基润滑脂。具有良好的机械安定性、防锈性、抗水性、极压抗磨性等，适用于减速机等高负荷机电设备的齿轮、轴承的润滑。

9）精密机床主轴脂。具有良好的抗氧化性、胶体安定性和机械安定性，适用于精密机床主轴和高速磨头主轴的润滑，按锥入度分为 2 号和 3 号两个牌号。

10）二硫化钼润滑脂。耐热性好，抗水性、防锈性好，极压性能好，使用最高温度为 120℃，适用于负荷较高或有冲击负荷的部件，低速以及不允许有油、脂污染的场合，价格适中。

（三）润滑材料的选用

1. 润滑材料种类的选择

润滑油的内摩擦较小，形成油膜均匀，兼顾冷却和冲洗的功能，清洗、换油和补充都比较方便。所以，除了部分滚动轴承由于机器的结构特点和特殊的工作条件要求必须使用润滑脂以外，一般采用润滑油。对于长期工作而又不易经常换油、加油的部位和不易密封的部位应优先选择使用润滑脂。摩擦面处于垂直或非水平方向时需要选择高黏度润滑油或润滑脂。摩擦表面粗糙，特别是用于矿山和冶金行业的开式齿轮传动应该优先选用润滑脂。

对于不适于采用润滑脂的地方，比如载荷过重或有剧烈冲击、振动，工作温度范围较宽或极高、极低，相对速度低而又需要减少爬行现象，真空或具有强烈辐射等这些极端、苛刻的条件下，应采用固体润滑材料。

2. 润滑材料选用依据

（1）润滑油

1）承载负荷。负荷较小可以选择黏度小的润滑油，负荷越大，润滑油的黏度应越大，重载条件下应考虑润滑油的极压性能。

2）运动速度。摩擦副运动速度越快越容易形成油楔，可选用低黏度的润滑油，低速时应选用黏度较大的润滑油。

3）运动状态。承受冲击载荷、交变载荷、振动或间歇运动的机械结构应选用黏度较大的润滑油。

4）工作温度。工作温度较高时应选用黏度较大、闪点较高、氧化安定性较高的润滑油；工作温度较低时应选用黏度较低、凝点低的润滑油；温度变化较大时应选用黏温性能较好的润滑油。

5）工作环境。潮湿及有气雾的环境应选用抗氧化性强、油性及防腐性好的润滑油。

6）润滑方式。循环润滑的换油周期长、散热快，应采用精制、黏度较低、抗泡沫性和氧化安定性较好的润滑油；飞溅和油雾润滑方式下应选用具有抗氧化添加剂的润滑油。

7）摩擦副表面间隙、精度与硬度。表面硬度高、精度高、间隙小时选用黏度低的润滑油；

反之则选用黏度较高的润滑油。

8）摩擦副位置。垂直导轨、丝杠的润滑油容易流失，应选用运动黏度较大的润滑油。

9）润滑油的代用原则。代用油的黏度应与原用油的黏度相等或稍高，代用油的性能应与原用油的性能接近。

10）润滑油的加入量。若润滑油的加注量不足（未达到指定油位标准），摩擦副元件之间会产生高温运行状况，导致元件因润滑不足而损坏，降低机电设备的使用寿命；若润滑油加注量过多（超过指定油位标准）会产生耗油现象和泄漏现象，降低运动单元的机械效率并产生大量的油垢，导致机电设备故障率升高。通常润滑油的加注量应位于最低和最高两根油位线之间。

（2）润滑脂

1）运行状况。滚动摩擦选黏附性好、有足够胶体安定性的润滑脂，使其不易流失；滑动摩擦选用滴点较高、黏附性及润滑性较好的润滑脂；用脂泵集中润滑时选用锥入度大、泵送性好的润滑脂；低速重载选用锥入度小、黏附性好、具有极压性的润滑脂；高速轻载选用锥入度大、机械安定性好的润滑脂。

2）工作温度。工作温度较高时选用滴点较高的润滑脂，选用润滑脂的滴点应高于最高工作温度20℃以上。

3）工作环境。潮湿和有气雾的环境选用抗水性强的润滑脂（钙基、铝基、锂基）；高温环境选用耐热性好的钠基脂或锂基脂；灰尘多的环境选用锥入度小和含石墨添加剂的润滑脂。

4）润滑方式。干油集中润滑系统中应选用机械安定性和输送性好的润滑脂。

5）摩擦副的位置。对于垂直润滑面、导轨、丝杠副、开式齿轮、钢丝绳等不易密封的表面应选用锥入度小的润滑脂。

6）润滑脂的代用原则。代用脂的锥入度应与原用脂的相等或稍小，代用脂的滴点应更高，代用脂的性能应比原用脂的性能更好。

7）润滑脂的填充量。润滑脂填充量随加脂部位的结构和容积而有所不同，一般填充至容积的1/3～1/2为宜。对轴承而言一般填充量以轴承空腔的1/3～2/3为宜，填充量过多会使轴承摩擦转矩增大，润滑脂因搅拌发热发生变质、老化和软化，并导致润滑脂漏失；填充量过少或不足，会发生轴承干摩擦而损坏轴承。对于高速轴承，应仅填充到1/3或更少；对于低速或中速的轴承，特别是在容易污染的环境中，为防止外部异物进入轴承内，要把轴承空腔全部填满。

润滑脂填充量大致可按表2-2所列公式计算，表中轴承尺寸系数 K 的选择见表2-3。

表2-2 润滑脂填充量计算公式

按轴承外径和宽度估算填充量的公式	$Q = 0.005DB$
按轴承内径估算填充量的公式	$Q = 0.01dB$
轴承第二次加脂量的估计公式	$Q = 0.005dB$
高速轴承填充量的估算公式	$Q = 0.001Kd'B$

Q —— 润滑脂填充量，cm^3 K —— 轴承尺寸系数
d —— 轴承内径，mm D —— 轴承外径，mm
d' —— 轴承平均直径，$d' = 0.5(D+d)$，mm B —— 轴承宽度，mm

表2-3 轴承尺寸系数 K

轴承内径	≤40	40～100	100～130	130～160	160～200	200
系数 K	1.5	1	1.5	2	3	4

（四）润滑装置和方式

1. 润滑装置

机电设备机械结构摩擦副的润滑都是靠专门的润滑装置来完成的，润滑装置是实现润滑材料的供给、分配和引向润滑点的机械装置。根据润滑材料来分类，润滑装置分为稀油装置（润滑油）和干油装置（润滑脂）；根据摩擦副供油方式的不同，润滑装置分为无压润滑和压力润滑，间歇润滑和连续润滑以及流出润滑和循环润滑等。

1）无压润滑和压力润滑。无压润滑中油的供给是靠润滑油自身的重力或毛细管的作用来实现的；压力润滑是利用压注或油泵实现润滑油的供给。

2）间歇润滑和连续润滑。经过一定的间隔时间才进行一次润滑的称为间歇润滑；连续润滑则是机电设备在整个工作期间都连续供油的润滑。

3）流出润滑和循环润滑。流出润滑中供给的润滑材料完成润滑后即排出消耗掉；循环润滑中供给的润滑材料经过润滑后又能不断地送到摩擦表面重复循环使用，图2-4所示为喷油式循环润滑装置示例。

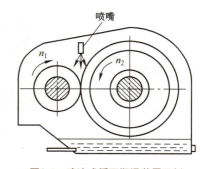

图2-4 喷油式循环润滑装置示例

2. 润滑方式

（1）润滑工具和装置　润滑油常用的润滑工具和装置包括用于流出润滑的旋套注油杯、球阀注油杯、油芯油杯和填料油杯、针阀式油杯等以及用于循环润滑的油环、油轮和油链、油池等。图2-5所示为润滑油流出润滑常用的工具和润滑装置示例，图2-6所示为循环润滑常用装置示例。

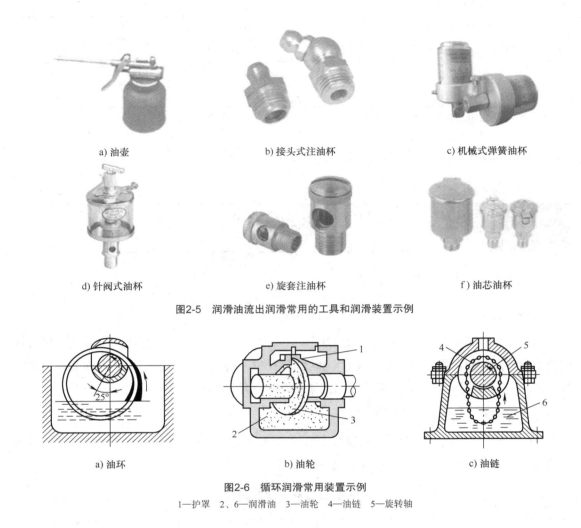

图2-5 润滑油流出润滑常用的工具和润滑装置示例

图2-6 循环润滑常用装置示例
1—护罩 2、6—润滑油 3—油轮 4—油链 5—旋转轴

（2）润滑油的常用润滑方式

1）手工加油润滑。利用便携式润滑工具，由设备操作人员定期给油杯、油嘴等润滑点加油。

2）油绳润滑。将油绳等浸入油中，利用油芯的虹吸作用吸油，并将润滑油连续供到摩擦面上。

3）油环润滑。将油环套在轴上，当轴转动时靠摩擦力带动与油接触的油环旋转，由油环把油带到轴颈表面达到润滑的目的，使用中应注意保持油位。

4）飞溅润滑。在密闭油箱内依靠浸在油中的旋转机械结构或甩油盘、甩油片等将油溅散到润滑部位进行润滑，通常箱体内壁开有集油槽或加装挡油板以保证充分润滑。

5）强制给油润滑。利用油箱上的小型液压泵将压力油送入润滑部位，润滑油不再流回循环使用。

6）压力循环润滑系统。压力循环润滑系统能够为一台或多台机电设备的各个润滑部位提供润滑，其供油的压力、流量、温度均可控制，出现不正常现象时能自动报警。

7）油雾润滑。油雾润滑通过油雾发生器使润滑油与压缩空气相碰撞，将油液吹散变成油雾，再经凝缩嘴把油雾凝缩成油滴，润滑摩擦表面，同时压缩空气还能带走摩擦热。适用于封闭的齿轮、蜗轮、链轮、滑板、导轨以及各种轴承的润滑。

油雾润滑系统将压缩空气接入油雾发生器，润滑油被雾化成粒度十分细小的干燥油雾，并通过管路输送至摩擦部件上进行润滑，油雾润滑系统和油雾发生器示例如图2-7所示。

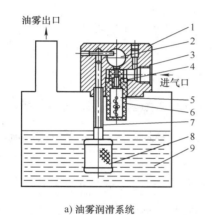

a) 油雾润滑系统　　　　　　　　　　b) 油雾发生器

图2-7　油雾润滑系统和油雾发生器示例

1—阀体　2—真空室　3—喷嘴　4—文氏管　5—雾化室　6—喷雾罩　7—喷油管　8—过滤器　9—储油器

油雾润滑的优点：能够弥散到所需润滑部位，可获得良好而均匀的润滑效果；压缩空气质量热容小、流速高，很容易带走摩擦产生的热量，对摩擦副的散热效果好；润滑油的消耗可大幅降低；油雾具有一定的压力，对摩擦副起到良好的密封作用，避免外界杂质水分的侵入；比稀油润滑系统结构更简单、动力消耗少、维护管理方便，易于实现自动控制。

油雾润滑的缺点：排出的压缩空气中含有少量的浮悬油粒，易造成环境污染，对操作人员健康不利，需要增加抽风排雾装置；不宜用于电动机轴承，油雾侵入电动机绕组会降低其绝缘性能，缩短电动机寿命；油雾传输距离不宜过长；油雾润滑必须有一套空气压缩系统。

（3）润滑脂的加脂方法　润滑脂的加脂方法主要有涂抹或填充法、脂杯法、脂枪法和集中给脂法。图2-8所示为干油润滑工具与装置示例。

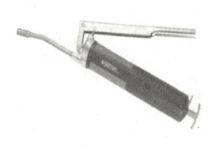   

a) 黄油枪   b) 压力脂杯

图2-8　干油润滑工具与装置示例

1）涂抹或填充法。使用工具人工涂抹或填充加脂，如图2-8a所示的黄油枪，要求加脂量符合设备要求，润滑脂应布满所有需润滑的润滑部位表面。润滑脂在使用一定时间后需要更换或补充，应确定更换或补充的周期。

2）脂杯法。通过在轴承旁开小孔通向脂杯，靠杯内的脂不断补充给轴承，对高速轴承应设置逸脂阀，通过离心作用逸出轴承中过多的脂，以减少轴承的摩擦功耗和高速带来的温升。压力脂杯如图2-8b所示。

3）脂枪法。使用脂枪通过压力将润滑脂经加脂孔打入轴承，多用来进行补脂。

4）集中给脂法。用泵通过管道将润滑脂统一输往各轴承部位，应保证脂的流动路线能挤除旧脂，将新脂补入各润滑点。

四种加脂方法对润滑脂的稠度均有不同的要求。采用涂抹或填充法、脂杯法、脂枪法，一般选1～3号稠度的润滑脂，最好选用2号稠度的润滑脂，加注比较容易。采用集中给脂法，一般要通过很长的管道，为了避免泵压过大，一般采用00～1号稠度的润滑脂，最好选用0号稠度的脂。在领取和加注润滑脂前，要严格注意容器和工具的清洁，设备上的供脂口应事先擦拭干净，严防机械杂质、尘埃和砂粒的混入。

更换润滑脂时要注意不同种类的润滑脂不能混用。新润滑脂和旧润滑脂也不能混合，即使是同类的润滑脂也不可新旧混合使用。因为旧润滑脂含有大量的有机酸和杂质，将会加速新润滑脂的氧化。所以在换润滑脂时，一定要把旧润滑脂清洗干净，才能加入新润滑脂。

（4）润滑脂的常用润滑方式　润滑脂润滑也称为干油润滑，密封简单，不易泄漏和流失，在不易稀油润滑和稀油容易泄漏的地方特别具有优势，常用于金属压力加工机电设备的摩擦副中。干油润滑装置均属于流出润滑，润滑脂在润滑了摩擦表面之后就流出消耗，一般润滑脂在使用熔化后即失去了其基本性能。

1）分散润滑。分散润滑是将润滑脂压注到摩擦副表面上，使用的装置为压力脂杯或罩形脂杯，常用于润滑点较少的机械结构中，或用于移动、旋转机械结构上不重要的润滑点。填充润滑是将润滑脂填充于机壳中实现的分散润滑，适用于不经常工作的开式齿轮和齿条传动装置、闭式低速齿轮和蜗杆传动装置、开式滑动平面等；密封的滚动轴承转速不超过 3000r/min 时，采用润滑脂填充润滑，属于单独连续无压润滑。

2）集中润滑。集中润滑系统是以润滑脂作为摩擦副的润滑介质，通过干油站向润滑点供给润滑脂的设备。一次可以供给数量较多的、分布较广的润滑点，保证每隔预定的间隔时间向许多的摩擦表面提供一定分量的润滑脂；并且能可靠地保护润滑脂不被机械杂质污染。集中润滑分为环式干油集中润滑系统和流出式干油集中润滑系统。

环式干油集中润滑系统中，润滑脂通过液压换向阀压入主管路Ⅰ或Ⅱ，通过主管路向给油器压送润滑脂供给各个润滑点。当一个管路的给油器动作完成后，压力升高并传至换向阀处使换向阀换向。润滑脂沿另一条主管道向润滑点输送润滑脂，各给油器动作完成后，压力升高，导致换向器换向，并使油泵断电，经过一定的时间间隔后，下一个供油周期又接着按照上述顺序重复执行。图 2-9 所示为环式干油集中润滑系统示例。

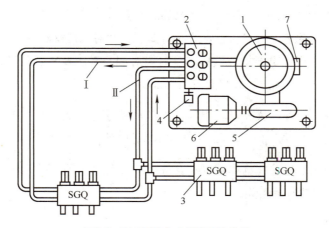

图2-9　环式干油集中润滑系统示例

1—储油筒　2—液压换向器　3—双线给油器　4—极限开关　5—蜗杆减速器　6—电动机　7—柱塞泵　Ⅰ、Ⅱ—输脂主管路

流出式干油集中润滑系统采用与双线环式干油集中润滑系统同样的给油器，只是管线的布置不同。系统工作时，润滑站通过换向阀将润滑脂从一条给油主管路压送到各个给油器，在管路内的润滑脂压力作用下，给油器开始动作，将一定分量的润滑脂输送到各个润滑点。所有给油器的动作完成后，当位于管路最远端的压力操纵阀内压力升高到设定值时，操纵阀触动行程开关使换向阀换向。润滑站压送润滑脂沿另外一条输脂主管路通过给油器向各个润滑点输送润滑脂。达到压力后，触动行程开关，换向阀动作，依次往返，实现循环润滑。图 2-10 所示为流出式干油集中润滑系统示例。

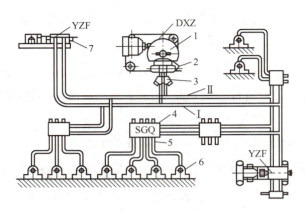

图2-10 流出式干油集中润滑系统示例

1—电动干油站 2—电磁换向阀 3—干油过滤器 4—双线给油器 5—输脂支管 6—轴承副 7—压力操纵阀 Ⅰ、Ⅱ—输脂主管路

3. 润滑的技术要点和润滑管理

润滑系统是由摩擦副、润滑材料、润滑装置及密封装置等组成的实施润滑功能的系统。凡需要润滑的系统，设计时应满足设备各种工况的润滑要求，采用先进可靠的润滑系统及相关机械结构，编制设备润滑系统说明书和必要的润滑图表，并对润滑材料使用中的清洁度、理化性和使用性能指标的允许值提出要求。设备出厂时应对润滑系统及其装置的设计参数、可靠性、润滑材料消耗定额进行检测标定，并附润滑系统说明书。

润滑系统的设备、装置和仪表安装调试应严格检查实验，确认润滑系统的可靠性符合设计的要求，耗能定额指标达到标准规定时，方可验收交付使用。

机电设备润滑的科学化、规范化是搞好设备润滑工作的保证，其中进油口和油沟设计的正确性、合理性是实现有效润滑的关键。

（1）进油口和油沟

1）进油口。为了获得完善有效的润滑效果，必须正确地布置向摩擦表面引油的进油孔、排油孔和适当的润滑油沟，并合理的选择润滑材料。润滑材料应在油膜负荷最小的地方引入摩擦面。由于润滑脂不具有流动性，因此在比较靠近负荷区时将其引入滑动轴承。对于负荷交替向上或向下作用的滑动轴承，在轴瓦的结合面处引入润滑油。而当负荷方向随轴的转动变化时，应在轴中钻孔引入润滑油。图2-11所示为进油口技术要点示例。

2）油沟。为了将引入的润滑材料分布到全部的摩擦表面上，需要在被润滑机械结构上开设润滑油沟。油沟不能开设在油膜承载区内，润滑油应该平缓地沿油沟进入摩擦表面，油沟不能有尖锐的边缘，否则会将摩擦表面的润滑油刮走，使润滑机械结构的工作条件恶化；纵向油沟不要太靠近边端，避免润滑油泄漏。图2-12所示为轴套油沟位置技术要点示例。

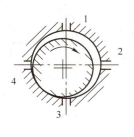
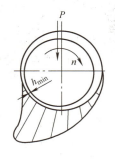
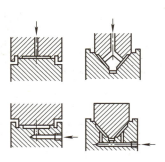

a) 滑动轴承的引油位置　　　　b) 载荷分布示意　　　　c) 平导轨的引油位置

图2-11　进油口技术要点示例

1—允许引油点　2—最佳引油点　3—不允许引油点　4—不建议引油点

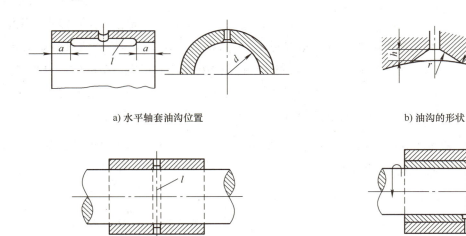

a) 水平轴套油沟位置　　　　　　　　　　b) 油沟的形状

c) 导向轴套油沟位置　　　　　　　　　　d) 立轴轴套油沟位置

图2-12　轴套油沟位置技术要点示例

（2）润滑的"五定"

1）定点。根据润滑图表上指定的润滑部位、润滑点、检查点（油标、油窗）等，实施定点加油、换油，检查液面高度及供油情况。

2）定质。按照润滑图表规定的油、脂牌号用油。

3）定量。按润滑图表上规定的油、脂的数量对各润滑部位进行润滑，做好添油、加油和油箱清洗换油时的数量控制及消耗定额控制。

4）定期。按润滑图表上规定的间隔时间进行添油、加油和换油。

5）定人。按润滑图表上的规定明确操作工、维修工、润滑工对设备日常加油、添油和清洗换油分工，各负其责，互相监督，并确定取样送检人员。

（3）"三过滤" "三过滤"也称为"三级过滤"，是为了减少油液中的杂质含量，防止尘屑等杂质随润滑油进入设备而采取的措施，包括入库过滤、发放过滤和加油过滤。

1）入库过滤。润滑油经运输入库泵入油罐储存时要经过过滤。

2）发放过滤。润滑油发放注入润滑容器时要经过过滤。

3）加油过滤。润滑油加入设备储油部位时要经过过滤。

（4）润滑管理制度　机电设备的润滑管理是企业进行设备保养管理的一个重要内容，是为了保持设备的正常技术状态，延长使用寿命必须进行的日常工作。润滑系统的运行管理必须遵循安全、可靠和节约的原则，确定管理方式、方法，制定必要的规章制度、检修规程和操作规范，并要在实践中加以改进。

润滑系统要建立技术档案，对设备、装置和仪表的保养、维修改造以及选用或更换润滑材料的日期、牌号、性能和数量都要做详细的记录。一般设备要定期抽样检查油质的变化情况，对大型、重点关键设备的润滑应进行状态监测，要按照国标规定和机电设备的使用说明书，按质、按期更换润滑材料。更换时，要对润滑系统进行认真的清洗。表 2-4 ~ 表 2-9 分别是滑动轴承、滚动轴承、蜗杆副、齿轮副和起重设备的润滑制度表示例。

更换下来的废油，除自行加工再生者外，应全部交回。各行业根据不同的油品制订废油回收率，不得随意销毁，防止污染环境。

1）滑动轴承润滑制度表（表 2-4、表 2-5）。

表 2-4　滑动轴承润滑制度表

润滑方法或装置	工作条件	润滑制度
滴油或线芯润滑	连续工作，40℃以上	1 次 /2h
	连续工作，20 ~ 25℃	2 ~ 3 次 /8h
	间歇工作	1 次 /8h
	不经常工作，载荷不大	1 次 / 天
油杯润滑	正常工作条件下	1 次 /5 天，3 个月全部换油
	繁重工作条件下	1 次 /（2 ~ 3）天，1 ~ 2 个月全部换油

表2-5 滑动轴承用润滑脂的润滑周期参考表

工作条件	轴转速/(r/min)	润滑周期
偶然工作，不重要的机械结构	<200	1次/5天
	>200	1次/3天
间断工作	<200	1次/2天
	>200	1次/天
连续工作，工作温度<40℃	<200	1次/天
	>200	1次/8h
连续工作，工作温度40～100℃	<200	1次/8h
	>200	2次/8h

2）滚动轴承润滑制度表（表2-6）。

表2-6 滚动轴承润滑脂的选择参考表

轴承工作温度/℃	速度因数dn/(mm·r/min)	干燥环境	潮湿环境
0～40	80000以下	2号、3号钠基润滑脂	2号、3号钙基润滑脂
		2号、3号钙基润滑脂	
	80000以上	1号、2号钠基润滑脂	1号、2号钙基润滑脂
		1号、2号钙基润滑脂	
40～80	80000以下	3号钠基润滑脂	3号锂基润滑脂
			钡基润滑脂
	80000以上	2号钠基润滑脂	2号合成复合铝基润滑脂
>80或<0	—	锂基润滑脂，合成锂基润滑脂	锂基润滑脂，合成锂基润滑脂

3）蜗杆副润滑制度表（表2-7）。

表2-7 蜗杆传动润滑油选择参考表

工作温度/℃	100℃时的运动黏度/(mm²/s)	润滑油
0～30	10～15	70号、90号工业齿轮油，24号气缸油
30～80	12～20	50号、70号工业齿轮油，70号全损耗系统用油，11号气缸油

4）齿轮副润滑制度表（表2-8）。

表2-8　开式齿轮润滑油、润滑脂的选择参考表

工作温度/℃	滴油润滑时适用润滑油	涂抹润滑时适用润滑脂
0~30	40号、50号全损耗系统用油	1号、2号、3号钙基润滑脂，2号铝基润滑脂
30~60	50号全损耗系统用油，50号工业齿轮油	3号、4号钙基润滑脂，2号铝基润滑脂，石墨钙基润滑脂
>60	90号全损耗系统用油、90号工业齿轮油、11号气缸油	4号、5号钙基润滑脂，2号铝基润滑脂，石墨钙基润滑脂

5）起重设备润滑制度表（表2-9）。

表2-9　起重设备润滑材料的选择参考表

设备名称			使用润滑材料
桥式起重机的大车和小车（蜗轮减速机除外）	减速机	起重量<10t（<50℃）	40号、50号全损耗系统用油，50号工业齿轮油
		起重量10~15t（<50℃）	70号全损耗系统用油，70号工业齿轮油，11号气缸油
		起重量>15t（<50℃）	70号、90号全损耗系统用油，70号、90号工业齿轮油，24号气缸油
		各种起重量（冬天<0℃）	50号全损耗系统用油，车轴油
		各种起重量（>50℃）	38号、52号过热气缸油
	滚动轴承	正常温度下	2号、3号钙基润滑脂
		高温下	锂基润滑脂，二硫化钼润滑脂
电动起重机、手动起重机、链式起重机、提升机	人工润滑		40号、50号全损耗系统用油
	滚动轴承		2号、3号钙基润滑脂
带式、链式、斗式等各种运输机械	人工润滑		40号、50号全损耗系统用油
	滚动轴承		2号、3号钙基润滑脂
	链索		40号、50号全损耗系统用油
	开式齿轮		石墨钙基润滑脂
卷扬机	滚动轴承		2号、3号钙基润滑脂
	滑动轴承		30~70号全损耗系统用油

三、机电设备的维护与大修

机电设备在使用过程中，其性能总是要不断劣化的，只有通过系统的维护和修理才能保护及恢复其原始性能，实现保护投资，避免不可预见的停机和生产损失，实现节约资源、节约能源、保障安全、保护环境，提高产品质量和创造效益的目的。并且在机电设备达到各级维修阈值时能迅速做出决策，调整生产活动与维修活动的时间，合理配置维护资源，减小机电设备故障对生产活动造成的影响。

（一）机电设备的维护

1. 机电设备维护的内容和意义

维护和维修是判定和评价机电设备实际状态以及保护和恢复其原始状态而采取的一系列必要步骤的总称，包括以下三个方面的工作：

1）保养和维护是保护机电设备原始状态所需的一切措施，包括清洁、润滑、补给、交换和日常护理等工作。

2）检查是判定和评价机电设备、内部组件或其机械结构实际状态所需的一切手段，包括测量、试验、收集和外观观察等工作。

3）修理是恢复机电设备原始状态所需的一切手段，包括更换、修复、重制和调整等。

（1）机电设备的维护保养的意义　通过擦拭、清扫、润滑、调整等一般方法对机电设备进行护理，以保持其性能和技术状态，称为机电设备的维护保养。机电设备的维护是操作工人为了保持设备的原始正常技术状态，延长设备使用寿命所必须进行的日常工作，也是操作工人的主要责任之一。

机电设备维护工作的有效实施可以减少停工损失和维修费用，降低产品成本，保证产品质量，提高生产效率，给国家、企业和个人都带来良好的经济效益。

（2）机电设备维护保养的要求

1）整齐。要求工具、工件、附件放置整齐，设备机械结构及安全防护装置齐全，线路、管道完整。

2）清洁。设备内、外清洁，无黄袍，各滑动面、丝杠、齿条等无黑油污、碰伤，各部位不漏油、漏水、漏气、漏电，切屑和垃圾清扫干净。

3）润滑良好。按时加油、换油，油质符合要求，油壶、油枪、油杯、油嘴齐全，油毡、油线清洁，油标明亮、油路畅通。

4）安全。实行定人、定机和交接班制度，熟悉设备结构，遵守维护操作规程，合理使用，精心维护，监测异状，不出事故。

（3）机电设备维护保养的内容　除了日常维护、定期维护、定期检查和精度检查以外，机电设备维护保养的内容还包括设备润滑和冷却系统维护。

机电设备的日常维护保养是设备维护的基础工作，是一种有计划的预防性检查。检查的手段除了人的感官外，还需要使用一定的检查工具和仪器，按照定期检查卡规定的项目进行检查。同时，对机电设备中的机械结构还需要进行精度检查，以确定设备的实际精度。

（4）机电设备维护保养的规程　机电设备维护保养规程是对设备日常维护方面的要求和规定，其主要内容如下。

1）设备要达到整齐、清洁、坚固、防腐、安全等的作业内容和作业方法。

2）使用的工具、器具及材料达到的标准及注意事项。

3）日常检查维护及定期检查的部位、方法和标准。

4）检查和评定操作工人维护设备程度的内容和方法等。

2. 机电设备的保养制度

（1）三级保养制　三级保养制是我国20世纪60年代中期，在总结苏联计划预修制的实践经验基础上完善和发展起来的一种保养修理制度。它以操作者为主，对设备进行以保为主、保修并重的强制性维修制度。

（2）日常维护保养　日常维护保养分为日保养和周保养。

1）日保养由机电设备的操作工当班进行，主要内容包括班前检查交接班记录、对设备进行清洁、检查、润滑、低速运行检查状态，班中记录机电设备运行状况，班后关闭设备开关、清洁设备并加油、清扫场地、整理附件、填写交接班记录、办理交接班手续等。

2）周保养由机电设备的操作工在每周末进行，内容包括擦净设备导轨、传动部位及外露部分，清扫工作场地，检查传动部件、紧固松动部位、调整配合间隙、检查互锁装置，清洁检查润滑装置、油箱加油或换油，检查液压系统，擦拭电动机、检查电器绝缘和接地情况等。

（3）一保、二保

1）一级保养（一保）以机电设备的操作工为主，维修工人为辅，是一项计划性的维护保养，也称为定期保养。按计划对机电设备进行局部和重点部位拆卸、检查、内部清洁。一保结束后由维修工人做好记录并标注未清除的缺陷，由车间组织验收。一级保养的执行时间为 4～8h，执行周期为设备运行一个月或三个月，目的在于减少设备磨损、消除故障隐患、延长设备使用寿命。

2）二级保养（二保）以维修工为主，操作工为辅，二级保养列入机电设备的维修计划，内容包括对机电设备的规定部位进行分解检查与修理，更换或修复磨损件，修复精度、清洗、换油、检查修理电气部分、恢复电气性能，使机电设备的技术状况全面达到完好的标准要求。二级保养的实施时间一般为 7 天左右，执行周期为设备运行半年或一年。二保结束后维修工人填写检修记录，由车间组织验收，验收单交设备管理部门存档。二保的主要目的是使机电设备达到完好标准，提高和巩固设备完好率，延长大修周期。

3. 智、精、大、稀机电设备使用维护要求

用于先进制造和智能制造的智能、精密、大型、稀有机电设备的使用和维护除满足前述各项要求外，还必须重视以下工作。

（1）四定工作

1）定使用人员。按定人、定机的制度，选择本工种中责任心强、技术水平高、实践经验丰富的职工担任操作者，并尽可能保持较长时间的相对稳定。

2）定检修人员。对使用智能、精密、大型、稀有设备较多的智能工厂和企业，根据企业条件可组织专门负责智能、精密、大型、稀有设备的检查、维护、调整、修理的专业修理组，如无此可能，也应指定专人负责检修。

3）定操作维护规程。按机型逐台编制机电设备的操作维护规程，置于设备旁的醒目位置，并严格执行；同时，应配有专职的维修人员对企业集成自动化系统的物理网络层运行状态监控和分析。

4）定维修方式和备件。根据机电设备在生产中的作用分别确定维修方式，优先安排预防维修活动，包括定期检查、状态监测、精度调整及修理等。

（2）特殊要求

1）必须严格按机电设备使用说明书的要求安装设备，每半年检查调整一次安装水平精度，并做出详细记录，存档备查。

2）对环境有特殊要求（恒温、恒湿、防振、防尘）的高精度设备，企业要采取措施，确保设备精度、性能不受影响。

3）智能、精密、大型、稀有设备在日常维护中一般不许拆卸，特别是光学部件，必要时由专职维修工进行。

4）严格按照规定加工工艺操作，不允许超性能、超负荷使用设备。

5）使用的润滑材料、擦拭材料和清洗剂必须严格符合说明书的规定，不得随意代用。

6）精密、稀有设备在非工作时间要盖上护罩，如长时间停机，要定期进行擦拭、润滑及空运转。

7）机电设备的附件和专用工具应有专柜架搁置，妥善保管、保持清洁，防止锈蚀或碰伤，并不得外借或作他用。

8）应配置系统监控、故障监测系统并构建故障报警信息监控系统开展先进制造和智能制造设备的健康管理。

4. 机电设备维护的措施与形式

（1）机电设备的区域维护　机电设备的区域维护又称为维修工包机制。维修者承担一定生产区域内机电设备的维修工作，与生产操作者共同做好日常维护、巡回检查、定期维护、计划修理及故障排除等工作，并负责完成管区内机电设备的完好率、故障停机率等考核指标。区域维修责任制是加强机电设备维修为生产服务、调动维修工人积极性和使生产工人主动关心设备保养和维修工作的一种好形式。

（2）提高机电设备维护水平的措施　为提高机电设备维护水平，应使维护工作做到三化，即规范化、工艺化、制度化。规范化就是使维护内容统一，哪些部位该清洗、哪些机械结构该调整、哪些装置该检查，要根据各企业情况按客观规律加以统一考虑和规定。工艺化就是根据不同的机电设备制订各项维护工艺规程，按规程进行维护。制度化就是根据不同机电设备的不同工作条件，规定不同维护周期和维护时间，并严格执行。

5. 机电设备维护计划的编写

（1）维护计划必须包括的项目内容

1）开展机电设备维护的目的。

2）维护人员的组成。

3）计划开展维护的时间。

4）机电设备维护的程序。

5）维护的具体内容（可列附件）。

6）维护的工作成果（可列附件）。

（2）维护计划所需完成的表格　包括维护计划表、保养项目表、维护项目登记表、维护维修验收表等，见表 2-10 ~ 表 2-13。

表 2-10　机电设备年度维护计划表

机电设备年度维护计划

为做好××部门××系统的设备维护工作，保证××系统的正常运行，根据公司《××设备维护制度》的有关规定，特制订年度维修计划如下：

一、设备年度维护的目的

年度维护是根据机电设备使用周期的特性，结合设备使用环境的差异，对日常维护质量的一次全面检验和对设备使用状态的评估，根据维护的结果，形成对××系统机电设备使用情况的年终总结，为下一年度××系统机电设备维护和技改提供依据。

二、年度维护人员的组成

年度维护的人员由××部门技术支持组负责人、××系统维护工程师、公司设备质量管理办公室负责工程师、××部门设备组共同组成。

三、年度维护的时间安排

年度维护一般安排在本年度生产任务淡季进行，时间暂定为 12 月下旬，次年元月中旬提交年度维护报告。

四、年度维护的程序

1）进行工作分组，指定各组负责人。

2）根据作业内容，确定维护日程安排。

3）根据维护计划各组开展维护工作，并分别形成书面报告。

4）汇总维护材料，结合月度和季度维护情况，形成年度维护报告。

五、年度维护内容（见附录）

六、年度维护工作成果

维护过程中，必须严格按照年度维护内容，逐一对维护设备进行检查，维护结果记录在"××系统××设备年度维护记录"中。在检查过程中，如发现设备存在问题或故障，应及时予以修复和维修，并将维修情况记录在"××系统××设备年度维护记录"中。

附录　××系统××设备年度维护内容

附件　××系统××设备年度维护记录

表 2-11　机电设备保养项目表

项目	序号	保养内容	月份												备注
			1	2	3	4	5	6	7	8	9	10	11	12	
空气压缩系统	一	气罐及管路													
	1	清扫外部灰尘	☆						☆						每半年一次
	2	安全阀	☆						☆						每半年一次
	3	管路与气罐有无泄漏	☆						☆						每半年一次
	4	管路与罐体除锈并补漆	☆						☆						每半年一次
	二	压缩机													
	1	安全阀	☆						☆						每半年一次
	2	油箱	☆			☆			☆			☆			每三个月一次
	3	电动机	☆			☆			☆			☆			每三个月一次
	4	油气管路	☆			☆			☆			☆			每三个月一次
	5	气缸	☆			☆			☆			☆			每三个月一次
	6	气阀	☆						☆						每半年一次
	7	压力表	☆						☆						每半年一次
	8	连接件	☆						☆						每半年一次

表 2-12　机电设备维护项目登记表

部门		设备名称		责任人	
设备型号与规格					
时间	原因	内容	维修人	监督人	备注

表 2-13　机电设备维护维修验收表

部门名称		部门负责人	
设备名称		检修时间	
检修情况 （检修原因、检修部门、检修费用、检修效果等）			
验收意见		验收人：（签名） 　　　　　　　　　　年　　月　　日 负责人：（签名） 　　　　　　　　　　年　　月　　日	

（二）机电设备的大修

在工业企业的实际机电设备管理工作中，大修工序多和二级保养结合在一起进行。很多企业通过加强维护保养和针对性修理、改善性能修理等来保证设备的正常运行。但是对于动力设备、大型连续性生产设备、起重设备以及必须保证安全运转和经济效益显著的设备，有必要在适当的时间安排大修理。实施机电设备的大修要按照一定的程序和技术要求进行。机电设备的大修工艺过程一般分为维修前准备、维修过程和维修后验收三个阶段。

1. 机电设备大修的内容和技术要求

（1）大修的主要内容

1）对机电设备的全部或大部分进行解体检查。

2）编制大修技术文件，并做好备件、材料、工具、技术资料等方面的准备。

3）修复基础件。

4）更换或修复机械结构。

5）修理电控系统。

6）更换或修复附件。

7）整机装配并调试达到大修的质量标准。

8）翻新外观。

9）整机验收。

大修还包括对局部结构进行设计优化、替换使用不当的材料、落后控制方式的改造和升级等。

（2）大修的技术要求

1）全面清除修理前存在的设计、材料、工艺缺陷。

2）大修后能达到机电设备出厂的性能和精度标准。

2. 大修前的准备阶段

（1）技术准备

1）修前预检。维修技术人员熟悉机电设备性能，掌握预修理机电设备的技术和运转状态，拆解并查出有故障的部位以便制订合理经济的修理计划，做好各项修前的准备工作（备件清单、预制件、维修材料等）。预检一般在设备大修前三个月左右实施，对于智、精、大、稀设备以及需要结合改造的设备一般在大修前六个月进行。

2）修前资料准备。收集机电设备的全部机械结构图样、结构装配图、传动系统图、液压动力系统图、电气控制图、润滑系统图、外购件与标件的明细表以及其他技术文件。

3）修前工艺准备。编制修理技术任务书、更换件明细表、材料明细表、机械结构制造和设备修理的工艺规程并设计必需的工装以及大修质量标准。

（2）生产准备

1）材料及备件的准备。根据年度修理计划，企业的设备管理部门编制年度材料计划提交企业材料供应部门采购，维修人员根据《设备修理材料明细表》领用所需材料，如有不足则需执行临时采购流程。

2）专用的工具、检具、机具的准备。专用工具、检具、机具的生产列入生产计划，根据修理计划组织生产，验收合格后入库管理，若企业无法生产则需安排实施专用工具、检具与机具的外购流程。

3）机电设备停修前的准备工作。修理前对设备的主要精度项目进行检查和记录，以确定主要基础件的修理方案。切断电源及其他动力管线，放出废旧液体，清理作业现场，办理交接手续。

（3）修理作业的计划　　计划一般由修理单位的计划员负责编制，并协同维修技术人员、修理工组长等讨论协定，内容包括：

1）作业程序，包括阶段、所需工人数、工时数、作业天数等。

2）各作业之间相互衔接的需求。

3）委托外协的事项与时间要求。

4）用户配合协作的要求。

机电设备大修前准备工作程序示例如图2-13所示。

3. 大修的执行与验收过程

（1）修理过程阶段

1）进行机电设备解体工作，按照先上后下，先外后里的顺序，解除机械结构在机电设备中的相互约束和固定形式，拆解的机械结构需进行二次预检，并根据预检的情况提出二次补修件。

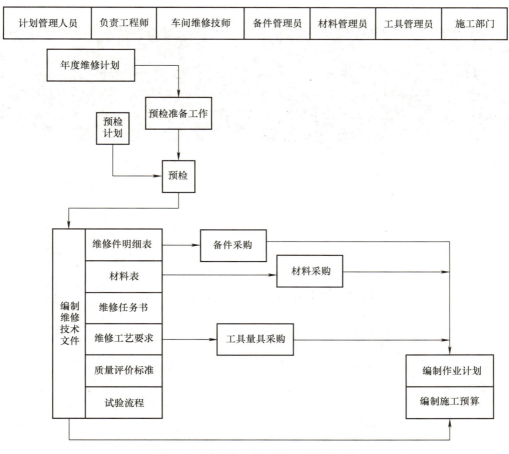

图2-13 机电设备大修前准备工作程序示例

2）根据修理工作计划，按照设计的修复工艺开展修理件的修理和更换件的更换，尽力恢复到原有精度标准和设计能力。

3）整机的装配，依据验收标准进行，选择合适的装配基准面，确定误差补偿环节和补偿方法，确保各机械结构的装配精度（平行度、同轴度、垂直度和传动啮合精度的要求）。

（2）修后验收阶段 经过修理装配调整好的机电设备，必须按照有关规定的精度标准项目或修前拟定的精度项目进行各项精度的检验和试验（几何精度检验、空运转试验、载荷试验和工作精度检验），全面检查衡量所修机电设备的质量、精度和工作性能的恢复情况。

一般来说，对于初次大修的机电设备，其精度和效能应能达到出厂的标准，经过两次以上大修的设备其精度和效能要比新设备低，通常做降档使用。

（3）完善维修清单文件　完成机电设备维修清单（表2-14）内容，并存档。

表2-14　机电设备维修清单

设备名称				设备编号			
申请人			操作工		停机时间		
故障部位：							
故障原因及处理：							
序号	换件名称	数量	单价/元		合计金额/元		备注
1							
2							
3							
4							
5							
6	合计						
维修工		维修工时/h			维修日期		

任务三

机电设备的故障与诊断技术

一、任务介绍

(一)学习目标

最终目标:在了解机电设备常见故障产生机理、表现特点和常用诊断技术的基础上,能够选择合理、高效的诊断方法并正确使用检测工具完成机电设备典型故障的诊断工作。

促成目标:熟悉机电设备常见故障的诊断、检测方法;具备根据故障类型合理地选择并按照操作规范使用工具、量具与检测仪器的能力。

(二)任务描述

1)了解机电设备失效的原因与对策。

2)了解机电设备常见故障的表现特点。

3)了解机电设备故障的诊断技术。

4)掌握机电设备常用检测工具、仪器的使用方法。

(三)相关知识

1)机电设备故障的基本概念。

2)机械结构失效原因及对策。

3)电控系统失效原因及对策。

4）机电设备典型故障的表现形式和特点。

5）机电设备故障诊断技术。

6）机电设备故障检测常用检测工具与仪器。

（四）学习开展

机电设备的故障及其诊断技术（8学时）。

（五）补充材料

机电设备故障诊断维修的十原则：

（1）先动口再动手　对于发生故障的机电设备，不应急于动手，而应仔细询问操作者产生故障的前后经过及故障现象。对于生疏的、了解较少的设备，还应先熟悉电路原理（电气图样）和机械结构特点再进行拆装检修。拆解前要充分熟悉每个部件的功能、位置、连接方式以及其与周围其他器件的关系，在没有组装图的情况下应该一边拆解，一边画草图，并做好标记。

（2）先外部后内部　应先检查设备有无明显裂痕、缺损，了解其维修史、使用年限等，然后再对设备内部进行检查。拆解前应排除周边的故障因素，确定为设备内部故障后才能拆解，否则，盲目拆卸可能将设备越修越坏。

（3）先机械后电气　应该在确定机电设备的机械结构无故障后，再进行电气方面的检查。检查电路故障时，应利用检测仪器寻找故障部位，确认无接触不良故障后，再有针对性地查看线路与机械的运作关系，以免误判。

（4）先静态后动态　应该在设备未通电的条件下判断电气设备按钮、接触器、热继电器以及熔断器的好坏，从而判定故障的所在；然后进行通电试验，听设备运行的声音、检测关键点位的参数、判断故障，最后进行维修。例如，通过测量三相电压值无法判断电动机出现缺相故障时，就应该听电动机运行的声音，单独测量每相对地电压，方可判断哪一相缺损。

（5）先清洁后维修　对污染较重的机电设备，先对其按钮、接线点、接触点进行清洁，检查外部控制键是否失灵。许多故障都是由脏污及导电尘块引起的，清洁后故障往往会被排除。

（6）先电源后设备　电源部分的故障率在整个设备故障中占的比例很高，所以先检修机电设备的电源往往可以事半功倍。

（7）先普遍后特殊　因装配质量或其他设备故障而引起的机电设备故障，一般占常见故障的50%左右。电控部分的特殊故障多为软故障，要靠经验和仪表来测量和维修。

（8）先外围后内部　先不要急于更换损坏的电气部件，在确认外围设备电路正常后，再考虑更换损坏的电气部件。

（9）先直流后交流　检修时必须先检查直流回路静态工作点，再检查交流回路动态工作点。

（10）先故障后调试　对于调试和故障并存的电气设备，应该先排除故障，再进行调试；调试必须在电气线路正常的前提下进行。

（六）上手操练

任务：图 3-1a 所示为 6140 型卧式车床结构示例，图 3-1b 所示为车床溜板箱示例，图 3-1c 所示为车床控制电路图示例。

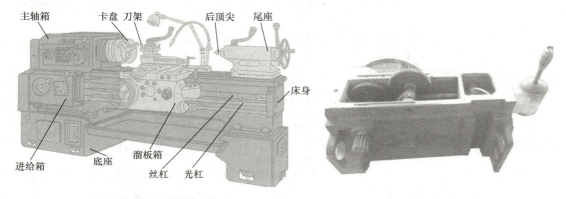

a) 6140 型卧式车床结构示例　　　　　　　b) 车床溜板箱示例

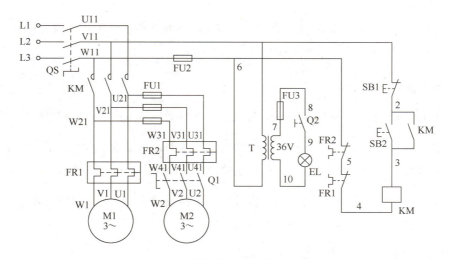

c) 车床控制电路图示例

图3-1　6140型卧式车床

问题：

1）车床溜板箱卡死。

2）丝杠传动机构的精度不满足要求。

3）进给电控系统无响应。

试判断故障类型，设计各个故障诊断的技术方案。实施方案的内容至少应包括人员、计划、检测工具与仪器等要素的设计。

二、故障诊断及相应技术

（一）机电设备故障的基本概念

1. 机电设备故障的定义

在机电设备使用过程中，由于设计、材料、工艺及装配等各种原因导致设备失去或降低其规定的功能的现象称为失效。当机电设备的关键机械结构失效或规定功能丧失时，就意味着其处于故障状态。

机电设备发生故障后，其经济技术指标就会有部分或全部下降而达不到预定要求（功率下降、精度降低、发生强烈振动、出现不正常的声响等）导致机电设备中断生产或危害安全，最终造成停产或经济损失。

生产过程中导致机电设备出现故障的主要常见原因有安装调试未达到设备的质量标准，操作人员不按照规程操作，日常维护未按照计划执行等。

2. 机电设备故障的分类

机电设备故障的分类方法较多，根据引起故障的基础可分为自然故障和事故性故障。

1）自然故障指机电设备或其系统各部分机械结构的正常磨损或物理、化学变化造成机械结构的变形、断裂、蚀损等，是机电设备或系统机械结构件失效引起的故障。

2）事故性故障指因维护调试不当，违反操作规程或使用了质量不合格的部件和材料等造成的故障，这类故障是人为造成的，是可以避免的。

其他常见的机电设备故障分类方法如下。

1）按照故障存在的程度分类：暂时性故障、永久性故障。

2）按故障发生、发展的速度分类：突发性故障、渐发性故障。

3）按故障的严重程度分类：破坏性故障、非破坏性故障。

4）按故障发生的原因分类：外因故障（人员、环境）、内因故障（设计、材料）。

5）按故障的相关性分类：相关故障（间接）、非相关故障（直接）。

6）按故障发生的时期分类：早期故障（初期）、使用期故障、后期故障（耗散期）。

（二）机电设备失效的原因、表现及其对策

机电设备的故障与其机械结构的失效密不可分。机电设备的类型很多，运行工况和环境条件的差异很大。机电设备机械结构的失效模式主要有磨损、变形、断裂、蚀损四种具有代表性的普通失效模式。同时，机电设备的电控系统易受环境条件、运行工况以及元器件劣化的影响而出现失效的状况，其主要的失效模式有接触不良、导体材料性能变化、电气工况变化等。下面将分别对机电设备机械结构的磨损、变形、断裂、腐蚀导致的失效以及电控系统的接触不良、导体材料变化、电气工况变化引起失效的主要原因、表现及对策进行详细介绍。

1. 机械结构磨损失效的原因、表现及对策

两个物体相对运动的接触表面（即摩擦表面）有一定的表面粗糙度，无论怎样精密细致地加工、研磨、抛光，表面总是会存在凹凸不平。机械结构在正常的工作条件下，其配合表面不断受到摩擦力与周围环境温度、介质的共同影响，磨损会逐渐产生于机械结构的表面。由于机电设备设计和制造中的缺陷，以及不正确地使用、操作、维护、修理等人为原因，会造成过早的、有时甚至是突然发生的剧烈磨损。图3-2所示为典型机械结构磨损曲线图，Ⅰ区间为机械结构的初期磨损阶段，也称为磨合阶段，Ⅱ区间为机械结构的正常磨损阶段；Ⅲ区间为机械结构严重磨损阶段，极限磨损线与正常磨损线的交点 A 表示机械结构的合理磨损度。

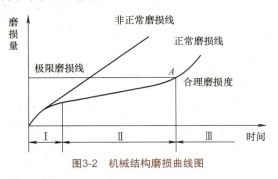

图3-2 机械结构磨损曲线图

按磨损的原因不同，机电设备机械结构的磨损失效形式可分为磨料磨损、粘着磨损、表面疲劳磨损和腐蚀磨损等，机械结构的不同磨损失效形式示例如图3-3所示。

a) 磨料磨损

b) 粘着磨损

c) 疲劳磨损

d) 腐蚀磨损

图3-3 机械结构的不同磨损失效形式示例

(1)磨料磨损

1)磨料磨损的一般表现。机械结构被磨损的表面具有与相对运动方向平行的细小沟槽，磨损产物中有螺旋状、环状或弯曲状的细小切屑及部分的粉末。

2)减少机械结构磨料磨损的措施。注意关键部位的密封，经常维护；对进入运动结构的空气、油料进行过滤、清洗，定期更换油料；在机电设备的润滑系统、液压系统中装入吸铁石，配置集屑仓和过滤器堵塞报警装置等，及时清理过滤器并更换滤芯；提高摩擦副表面的制造精度；对机械结构的接触区域进行适当的表面处理，接触表面采用一软一硬的材料。

(2)粘着磨损

1)产生粘着磨损的原因。机械结构的摩擦表面越洁净越可能发生机械结构表面的粘着，并且摩擦表面的成分和金相组织互溶性越好，粘着倾向越大，重载高速的条件下更容易发生粘着磨损。

2)减少机械结构发生粘着磨损的措施。设计时选择互溶性小的材料配对（例如金属与非金属配对以及适当的表面处理），合理的润滑同时控制机械结构中摩擦副的工作条件。

(3)疲劳磨损

1)产生疲劳磨损的原因。机械结构中的摩擦副表面相对滚动或滑动时，材料受到周期性交变载荷的作用产生重复变形，超过材料的疲劳强度后，材料表面会产生疲劳裂纹并不断扩展，最终引起机械结构表层材料脱落，造成点蚀和剥落的现象。其表现是机械结构的摩擦副表面出现大小、深浅不一的麻点以及痘斑状凹坑，导致机械结构在工作中出现噪声增大、振动增强、温度升高等现象。

2)提高机械结构抗疲劳磨损能力的措施。减少材料中的脆性夹杂物，选择适当的硬度范围，提高机械结构中摩擦表面的加工质量；对机械结构的摩擦区域进行表面处理（渗碳、淬火、喷丸、滚压等），以及合理的润滑，提高装配质量，对摩擦表面进行定期清洁等。

(4)腐蚀磨损

1)产生腐蚀磨损的原因。机械结构的摩擦表面发生化学或电化学反应生成腐蚀物，在随后的摩擦过程中腐蚀物被磨损掉，并不断重复。

2)防止机械结构发生腐蚀磨损的措施。控制机械结构配合面的滑动速度和接触载荷，合理选择润滑油的黏度并在润滑油内添加中性极压添加剂，可选用某些特殊机制形成化学结合力较高、较致密的钝化膜，以及正确选择摩擦副材料等。

2. 机械结构变形失效的原因、表现及对策

机电设备的机械构在工作过程中受到力的作用，机械结构的尺寸或形态发生改变的现象称为变形。机械结构的变形分为弹性变形、塑性变形和蠕变。图 3-4 所示为机械结构变形失效示例。

a) 钢圈变形

b) 主轴变形

图3-4　机械结构变形失效示例

（1）引起机械结构变形的主要原因

1）当外载荷产生的应力超过结构材料的屈服强度时，机械结构会产生永久变形。

2）当温度升高时，金属材料容易产生滑移变形导致材料的屈服强度下降。机械结构受热不均，各处温差较大时，易产生较大的热应力引起机械结构的变形。

3）由于机械结构材料的残余内应力影响其静强度和尺寸的稳定性，导致机械结构的弹性极限降低并会产生减少内应力的塑性变形。

4）机械结构材料内部存在缺陷会导致材料局部强度降低，当外载荷产生的应力远未超过材料的屈服强度时，机械结构也会产生永久变形。

（2）减少机械结构变形的措施　能够有效地减少机械结构的变形的具体措施有：

1）正确选择机械结构的材料及制作工艺。

2）合理设计机电设备的机械结构。

3）制造过程中对材料进行时效处理能够减小机械结构的内应力。

4）修理中注意采用新的修复工艺。

5）使用中严格按照操作规程，避免超负荷、超速运行。

3. 机械结构断裂失效的原因、表现及对策

机电设备的机械结构在机械力、热、磁、腐蚀等单独或联合作用下，其本身连续性遭到破坏，发生局部开裂或分裂成几部分的现象称为断裂失效。机械结构断裂失效后不仅完全丧失工作能力，而且还可能造成重大的经济损失和伤害事故。对于大功率、高转速的机电设备，尽管断裂失效发生的概率比磨损和变形失效低，但往往会造成严重的机械事故，是最危险的失效形式之一。

(1) 断裂失效的分类 按照机械结构断口的形态特征,断裂可分为韧性断裂和脆性断裂;按照断裂的原因可分为过载断裂、疲劳断裂、氢脆断裂、腐蚀断裂、低应力脆性断裂和蠕变断裂等。图 3-5 所示为机械结构脆性断裂和疲劳断裂断口示例。

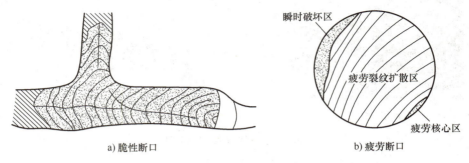

图 3-5 机械结构的断裂断口示例

(2) 减轻断裂危害的措施

1) 设计生产时减少机械结构的局部应力集中,减少材料残余应力的影响。

2) 运行时控制载荷,防止超载的发生。

3) 正确选择机械结构的材料,正确装配,防止产生附加应力和振动。

4) 防止腐蚀,维修时避免产生机械结构断裂的影响因素。

需要注意的是疲劳断裂与在静力作用下的断裂不同,不管是脆性材料还是韧性材料,疲劳断裂都是突然发生的,事先均无明显塑性变形的预兆,很难事先察觉,属于低应力脆断,具有很大的危险性,应早发现早处理,并对机电设备的机械结构定期进行无损检测。

4. 机械结构腐蚀失效的原因、表现及对策

机械结构的材料受周围介质的作用而引起损坏的现象称为机械结构的腐蚀失效,金属的锈蚀是最常见的腐蚀形态。腐蚀会显著降低材料的强度、塑性、韧性等力学性能,破坏机械结构的几何形状,增加机械结构间的磨损,恶化材料的物理性能,缩短机电设备的使用寿命,甚至造成火灾、爆炸等灾难性事故。图 3-6 所示为机械结构的腐蚀示例。

(1) 腐蚀的分类

1) 化学腐蚀。机械结构的材料与周围介质直接发生化学作用而引起的损坏称为化学腐蚀,如图 3-6a 所示。

2) 电化学腐蚀。机械结构的金属表面与周围介质发生电化学作用的腐蚀称为电化学腐蚀。属于这类腐蚀的有金属在酸、碱、盐溶液及海水、潮湿空气中的腐蚀,地下金属管线的腐蚀,埋在地下的机电设备底座被腐蚀等,如图 3-6b 所示。

a) 化学腐蚀　　　　　　　　　　　　b) 电化学腐蚀

图3-6　机械结构的腐蚀示例

（2）减轻腐蚀的方法　大气中含有盐雾、二氧化硫、硫化氢和灰尘时会加速机械结构材料的腐蚀，在湿热带或梅雨季节，气温越高，锈蚀越严重。因此正确选材、合理设计，对关键部位覆盖保护层，进行电化学保护或添加缓蚀剂，以及改变环境条件等措施都能够减轻机电设备机械结构材料的腐蚀进程。

5. 电气接触不良故障的原因、表现及对策

电接触指的是导体相互接触使电流通过的状态，是一种物理现象。机电设备中的电接触指的是接触导体的具体结构或接触导体本身，电接触不良是导致许多机电设备电气故障的重要原因。

（1）机电设备中电接触的分类

1）固定接触。固定接触为不可移动的接触，包括强电中的母线连接和铆接，输电线连接器和电缆头，弱电设备中的插接件、连接器、塞子和插头等。

2）滑动接触。滑动接触为可移动的接触，包括开关的滑动触点、变阻器的滑动头、电动机的电刷与集电环、电车的馈电弓与馈电线等。

3）可分合接触。可在控制逻辑的作用下完成分与合的接触，包括各种开关电器和继电器的触点。

图3-7所示为不同类型电接触的示例。

a) 固定接触　　　　　b) 滑动接触　　　　　c) 可分合接触

图3-7　不同类型的电接触示例

（2）导致电接触不良的主要原因

1）工作温度过高导致接触导体表面剧烈氧化，接触电阻明显增加，甚至可能使触点发生熔焊；温度过高会导致触点弹簧压紧的压力降低，电接触的稳定性变差，更容易造成电气故障。

2）电接触表面不平整或接触面发生位移及方向的变化，导致的电接触形式发生改变。比如导体间的面接触、线接触变成了点接触，或点接触变成了面接触、线接触，这些变化都会带来接触电阻（收缩电阻和膜电阻）的改变，产生电接触不良故障。

3）电接触机械结构的弹簧变形、传动机构不到位等使电接触压力降低，导致电接触不良故障。

4）机电设备使用环境中的化学腐蚀、电化学腐蚀及其他变化导致电接触表面上覆盖着一层导电性很差的物质（金属的氧化物、硫化物、灰尘、污物或夹在接触面间的油膜、水膜等）形成的表面膜电阻使接触电阻值增大或引起接触电阻不稳定，甚至破坏电接触连接的正常导电，产生电接触性能不良故障。

5）电接触结构的安装工艺不符合要求，达不到规定的工艺要求和标准，也会产生电接触不良问题。

除了上述导致电接触不良的原因以外，还有接触元件间的摩擦、润滑和磨损也会产生电接触不良的问题。固定接触电接触不良的主要表现为接触电阻变化、接触温升和接触熔焊等现象；可分合电接触在工作期间常出现电弧从而导致机电设备产生电接触不良故障。

（3）电接触不良引发的故障及对策　机电设备出现电接触不良可能会产生以下现象并引发故障。

1）电接触不良导致电路不通。电接触点是电路中最薄弱的环节，例如开关触点松动、触点未接触，导线连接点未搭接好、导线与设备接线端子连接螺钉松动，锡焊点断开等常会导致电路不通以及电路中虚连接点现象。

2）电接触不良导致接触区域严重发热。电接触不良导致的发热除了接触电阻的焦耳热，还有接触不良产生电弧带来的热。电接触不良产生的发热现象将进一步导致接触条件的恶化，使电路不通。

3）电接触不良导致电弧的产生。在接通电路的瞬间，电接触区域的一层绝缘薄膜（如水分、灰尘、氧化膜等）可能被电压击穿，会产生火花和电弧，从而导致更严重故障的发生。

4）接触电阻的增加可能使某些电路不能正常工作。电接触电阻虽然很小（通常为毫欧、微欧级），但对于某些电路则是不可忽视的因素。如电流互感器二次回路，正常运行状态是短路运行状态。如果该回路接触电阻过大，将导致正常短路运行状态被破坏，造成电测仪表误差增大、继电器误动作等故障的发生。

（4）避免电接触不良的方法

1）严格控制机电设备电气线路安装的施工质量。

2）定期进行机电设备电气线路的紧固与测温。

3）检查灭弧装置是否正常，确保机电设备电气线路的绝缘安全。

6. 导体材料发生变化故障的原因、表现及对策

导体材料是专门用于输送和传导电流的材料，它具有高电导率，良好的力学性能、加工性能，耐大气腐蚀，化学稳定性高。其主要功能是传输电能和电信号，同时也广泛用于电磁屏蔽、制造电极、电热材料、仪器外壳等。导电材料的电特性主要用电阻率表征，而影响材料电阻率的因素有温度、杂质含量、冷变形、热处理等。

（1）导体材料变化引起的故障与特点

1）金属导体材料随温度升高而软化，机械强度将明显下降。例如，当铜金属材料长期工作温度超过 200℃时，其机械强度会明显下降，而铝导体的长期工作温度不宜超过 90℃，短时工作温度不宜超过 120℃。同时，温度过高将会导致有机绝缘材料变脆老化、绝缘性能下降、甚至被击穿。

2）电接触材料的导电性、硬度等有着较严格的要求，如果不适当地更换了原有的导体材料，势必影响到机电设备电气线路电接触的性能。通常，为了弥补某些电接触材料的缺陷，会在其表面镀一层银、锡、金等金属膜改善性能，但这层金属膜在修理过程中，或经过长时间使用会损伤或消失，这将导致设备的电接触性能变差。

3）当金属导体截面沿导体长度（轴向）发生变化时，在截面收缩变小的区域会产生轴向电动力，称为收缩电动力。通常，触点接触区域的收缩电动力有使触点受到排斥的趋势，也就是说触点通电工作时，收缩电动力使触点接触的紧密程度变小，可能会造成接触断开而烧损触点。

（2）应对导体材料变化引发故障的对策 可以通过提高机电设备的设计负荷能力避免电气线路及元件长期处于过载或大负荷的状态；同时，要注重机电设备电气线路的日常维护和状态监测，定期更换老化的元器件和导线，确保机电设备电气线路的绝缘安全。

7. 电气工况变化引起故障的原因、表现及对策

当机电设备的现场运行参数与设备自身的额定值差别较大，或设备本身的运行工况（机械状态）与出厂工况差别较大时，会影响设备正常运行，可能会导致机电设备出现故障。其中，由于电网运行工况变化（三相电源不对称、三相负载不对称、中性点偏移等）和电流过大引起

的机电设备故障占比较大。

（1）电气工况变化引起的故障

1）电源或负载没有按规定配置或加载，表现为三相电源不对称、三相负载不对称以及中性点偏移等问题。当上述偏离值较小时，对电气设备的影响比较小；当偏离值较大时则可能引起设备的电气故障，会出现机电设备因电压过高导致烧毁等现象。

2）在大电流的情况下，尤其是在短路电流作用下，电气装置内会产生较大的电动力。因此，电气装置必须具备在短路电流作用下不致损坏的电动稳定性。超过了这种稳定性，电气装置将会产生故障。

在短路电流作用下，两根或三根平行导体会根据电流方向不同而产生吸引力或排斥力。当这种作用力超过某一程度时，就会导致导体变形、接头松脱、支承固定件损坏等。而当流过隔离开关的电流很大（如短路）时，其电动力可能使隔离开关误动作引发设备故障。

（2）应对电气工况变化引起故障的对策

1）检查并确保机电设备的三相电源连接牢靠，零线、地线齐备并紧固连接。

2）电路中应设置断相保护装置、电流继电器、漏电保护装置与热继电器装置，并按规定设置相应的保护电流值。

3）监测电动机铁心与绕组温度，隔离开关的触点必须夹紧，不应有松脱现象，必要时还应设置联锁装置。

（三）机电设备故障诊断

1. 概述

（1）机电设备故障诊断的内容　机电设备出现故障后，其内部和外部的某些特性将会发生改变，产生机械的、温度的、噪声的以及电磁的各种物理和化学参数的变化，并释放出不同的信息。机电设备的故障诊断就是利用现代科学技术和仪器、仪表检测机电设备内、外部信号变化的规律，根据这些信息的变化来判定故障发生的部位、性质和严重程度；同时，分析异常情况和故障发生的原因，预测发展趋势，做出决策，消除故障隐患防止事故的发生。机电设备故障诊断的内容包括：

1）机械状态量（力、位移、振动、噪声、温度、压力和流量）和电气状态量（电流、电压、频率、阻抗、开关状态等）的监测与比较分析。

2）状态特征参数变化的辨识和故障原因分析。

3）可靠性分析和剩余寿命估计等。

（2）机电设备故障诊断的实施过程　典型机电设备故障的诊断流程示例如图3-8所示。

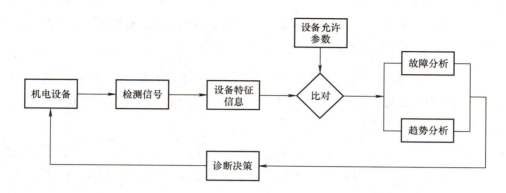

图3-8　典型机电设备故障的诊断流程示例

由图3-8可知，典型机电设备故障诊断的实施过程可归纳为以下四个方面：

1）信号采集。直接观察，性能和参数的测定。

2）信号处理。幅值分析、时域分析、频域分析等。

3）状态识别。统计模式识别、结构模式识别、模糊诊断等。

4）诊断决策。经验诊断，专家诊断系统诊断等。

（3）机电设备故障诊断的分类　机电设备一般包括机械本体、动力部分、检测部分、执行机构、控制器与接口五大功能模块，具有系统性和综合性的特点。一旦发生故障就要收集并分析设备失效时的表现、现场的环境状况与当时设备的输入条件等外部的因素，结合机电设备自身的功能特点和维修要求，系统地、综合地运用各种有效的机电设备故障诊断技术，有针对性地开展维修工作。同时，要确保机电设备的维修质量合乎标准，并根据故障发生的原因进行分析，采取预防措施，防止类似故障的再次发生。

机电设备的故障诊断可分为：

1）故障前的诊断。为了有效地减少损失，在机电设备健康状态下就要重视设备故障问题，通过对机电设备各模块和工作状态进行定期和长期的监测，获得机电设备各功能模块的正常运行状态，有效地查找存在的故障隐患，做出设备运行情况的故障前诊断，从而有效地预防机电设备故障。

2）故障后的诊断。机电设备发生故障后，需要根据设备的状态和故障的表现确定故障的性质和程度、属性以及类别等。按照检修前的调查研究、模块功能分析、执行机构与电路分析、利用试验、仪器、仪表检测等有效手段查找故障范围和故障点，最终运用专业经验完成故障的诊断。需要综合、高效地运用多种故障诊断技术判断机电设备故障发生的原因，从而更好地完成调整和维护工作。

（4）机电设备故障诊断的特点　机电设备涉及工业设备、电气自动化、液压与气动、制冷与空调、环保机械、物流机械、风机、压缩机、船舶辅助机械以及船舶电气设备等，是应用了机械、电子技术的设备。机电设备故障诊断具有以下的特点：

1）机电设备的系统性和综合性带来了设备故障原因的复杂性和多样性，既有单一机械结构和电气系统引发的故障，也有二者相互影响、互相作用导致的故障，既有猝发的单次故障，也有长期非正常运行状态产生的累积故障。

2）机电设备的系统性和综合性对维修人员提出了更高的技术和技能要求，除具备机械原理、机械制造技术基础、电工电子技术基础、传感器与检测技术、电气控制、PLC和变频器技术外，还需掌握针对机电一体化系统进行分析的方法和能力。

3）由于机电设备的复杂性和其对生产、生活的重要性，对机电设备故障的诊断应重在日常的维护与持续的监测，将引发故障的问题解决在故障出现之前。

4）机电设备故障诊断应按照先开口后动手、先外部后内部、先机械后电气、先清洁后维修、先静态后动态、先电源后设备、先接口后元件、先直流后交流、先普遍后特殊、先修理后调试的顺序执行。除了针对性地解决出现的故障，还需要系统性地分析故障产生的原因，综合运用各类修复和维修技术解决机电设备出现的故障问题，同时采用故障诊断的各类技术手段实现对故障原因的正确查找。

5）随着人工智能与大数据技术的发展和应用，机电设备故障诊断技术也向着人工智能化、信息化和数字模型化的方向发展。

2. 机电设备故障诊断的技术

（1）简易诊断技术　简易诊断技术适用于安装、调试阶段和维护阶段，通过对机电设备状态的监测，可便捷、高效地诊断出故障位置，其主要的内容和特点为：

1）使用各种简便并易于携带的诊断仪器及检测仪表。

2）设备维护人员在现场进行检测分析。

3）仅对设备有无故障，故障严重程度进行初判。

4）涉及的技术知识和经验比较简单。

5）需要把采集到的故障信号信息储存建档。

（2）精密诊断技术（或故障诊断技术）　精密诊断技术是建立在信息检测、信号处理、计算机应用、模式识别和机械工程各学科现代科学学术成就基础上的综合性和应用性技术科学。它对于保证关键机电设备的完好和正常工作、提高生产率、降低成本、加强生产管理等方面起到了重要的作用。

精密诊断技术多用于机电设备的使用、维护阶段，可对机电设备进行全面、定量地分析诊断，有利于全面掌握故障现象和发生的原因并预测机电设备的使用寿命。多用于先进制造和智能制造的智、高、精、尖和大型机电设备的故障诊断。其研究方法分为四个层次：

1）控制层感知和分析采集机电设备控制器、内嵌入式传感器数据。

2）环境层感知和分析采集机电设备工作环境数据，如设计数据、过程数据、系统集成控制数据和 PLC 数据等。

3）附加层感知和分析采集外加传感器数据，如加装力和转矩传感器获得的有效载荷影响。

4）顶层感知和分析结合视觉进行位置识别，考虑系统架构、系统功能及相关参数评估整体系统的健康状态。

精密诊断技术的主要内容和特点为：需要使用复杂诊断分析仪器或专用诊断设备；需要有一定经验的技术人员或专家在现场；需要对机电设备故障的部位、原因、类型做出定量的诊断，诊断涉及的技术知识比较复杂；需要进行深入的信号处理，根据需要预测机电设备寿命；需要构建设备的本地状态监测与故障诊断模式，维修技术人员需根据错误代码提示的机电设备故障信息进行故障诊断。

（3）智能制造系统的故障诊断技术　机电设备的远程诊断技术是将现代故障诊断技术、传感器技术、视觉技术、计算机技术和专家系统等与工业物联网技术有机结合，通过对机电设备运行状态的远程实时监控和网络化跟踪，实现对机电设备故障的早期诊断和及时维修，并且能够实现机电设备运行状态数据、故障信息、分析方法和故障诊断知识的网络共享。

基于多源信息融合技术的故障诊断方法是通过实时监控机电设备的运行状态信息，比如机械方面振动、异常声音、温度、压力、转数、输出转矩和输出功率等，利用计算机技术融合这些数据信息消除多个传感器信息之间存在的冗余和矛盾，降低不确定因素的影响，准确地完成故障问题根源的判定，这些都是将来对智能制造机电设备故障诊断技术应用研究的重点方向。

随着工业互联网技术的应用和发展，远程化和网络化的诊断技术结合多源信息融合技术的故障诊断方法将在降低机电设备的平均故障间隔时间，提升企业的生产效率和降低企业的生产成本等方面展现强大的优势。

（4）机电设备故障诊断的常用技术手段

1）直接观察法。听、摸、看、闻、问（传统型/高新技术型）。

2）振动噪声测定法。幅值、频率（时域/频域）。

3）温度测量法。温升、温降（接触式/非接触式）。

4）回路分析法。电流、电压、阻抗、接口、元件（短路/断路/过载）。

5）无损检测法。超声波、红外线、电涡流、磁粉、各类射线（设备内部缺陷/静态检测）。

6）油样分析法。润滑油或油路成分分析（磁塞/光谱/铁谱）。

7）设备性能参数测定法。仪表、显示器输出（状态监测）。

在机电设备的故障诊断中，这些常用的方法既可单独使用也可组合使用，具体的实施受到效率、成本和技术水平的制约。

3. 机电设备故障诊断常用的检测工具与检测仪器

机电设备故障的诊断需要对相关的状态量（力、位移、振动、噪声、温度、压力和流量等）进行检测和监测，通常利用各种简便并易于携带的检测工具及检测仪器。机电系统的状态特征参数变化的辨识则涉及使用复杂诊断分析仪器或专用诊断设备。

（1）机械结构常用的检测工具与检测仪器

1）机电设备的机械结构与强度的检测。各类硬度计、超声波、红外线、电涡流、各类射线仪器可以对机电设备机械结构的表面强度和内部的结构缺陷以及外形尺寸的变化进行检测，图3-9所示为机械结构与强度检测常用的检测工具与仪器示例。

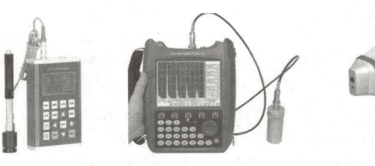

a) 金属硬度计　　　　b) 超声波检测仪　　　　c) X射线金属光谱分析仪

图3-9　机械结构与强度检测常用检测工具与仪器示例

2）机械结构的几何精度检测。水平仪、准直仪、游标卡尺、塞尺、角度尺、螺旋测微器（千分尺）、千分表/百分表等可以对机械结构的几何精度进行检测，图3-10所示为机械结构的几何精度检测常用检测工具与仪器示例。

3）机械结构运行中的振动和噪声检测。振动检测仪、噪声检测仪可以对机电设备机械结构运行中的振动力度和振动噪声等特征参数进行检测，图3-11所示为机械结构运行振动和噪声检测常用检测工具与仪器示例。

a) 水平仪　　　　b) 准直仪　　　　c) 塞尺　　　　d) 千分尺

图3-10　机械结构的几何精度检测常用检测工具与仪器示例

螺旋测微器

a) 振动检测仪　　　　b) 噪声检测仪

图3-11　机械结构运行振动和噪声检测常用检测工具与仪器示例

游标卡尺

4）机械结构运行中的温度测量。热电偶接触式测温仪器和红外线非接触式测温仪器可对机械结构运行和加工过程中的温度特征参数进行检测和监测。图3-12所示为机械结构运行中的温度测量工具与仪器示例。

游标万能角度尺

a) 热电偶温度计　　　　b) 红外测温仪

图3-12　机械结构运行中的温度测量工具与仪器示例

（2）电控系统常用的检测工具与仪器　机电设备电控系统故障诊断需要对电气状态量（电流、电压、频率、阻抗、开关状态等）进行检测和监测，常用的检测工具有万用表、试电笔、钳形电流表等，对于复杂的故障则可能需要信号发生器、示波器等仪器。

感应式测电笔

1）电控系统中的阻抗、电流、电压等状态量的检测。万用表、电流钳、兆欧表等检测工具可对机电设备电控系统的阻抗、绝缘、线路通断、元器件状态以电压、电流等电气状态量进行检测，如图 3-13 所示。

万用表

a）万用表

b）电流钳

c）兆欧表

图3-13　电控系统中电气状态量测量工具与仪器示例（一）

2）电控系统中的频率、波形、电路通断、功率等状态量的检测。试电笔、试灯、交（直）流功率表、波形发生器、稳压电源、示波器等检测工具可对电控系统中的电路通断（短路）、线路功率、元器件状态、信号的波形等状态参数进行检测和监测，如图 3-14 所示。

a）试电笔　　　　　　　　　　　　　b）试灯

示波器与信号发生器

c）功率表　　　　　　　　　　　　　d）示波器

图3-14　电控系统中电气状态量测量工具与仪器示例（二）

任务四 机电设备的维修技术与维修质量标准

一、任务介绍

(一)学习目标

最终目标:根据机电设备的故障表现及故障类型,按照维修质量标准的要求,合理、高效地选择修理方式和修理手段,完成机电设备常见故障的维修,并能正确使用检测工具评估机电设备的维修质量。

促成目标:掌握机电设备典型故障的维修技术,具备合理选择并规范使用修理工具、机具、检测量具,高效完成机电设备维修与评估维修质量的能力。

(二)任务描述

1)了解机械结构修复技术的分类、选择与工艺原则。

2)了解几种常用机械结构修复技术的特点。

3)了解电控系统的检修步骤和技巧。

4)了解电控系统典型模块单元的检修方法。

5)掌握电控系统检修工具与测量仪器的使用。

6)了解机电设备的维修质量标准与检验内容。

7)了解机电设备的静平衡和动平衡。

（三）相关知识

1）机械结构修复技术选择原则。

2）常用机械结构修复技术及其特点。

3）电控系统检修步骤与技巧。

4）机电设备维修质量标准与维修质量的检验。

5）机电设备的静平衡和动平衡。

（四）学习开展

机电设备的维修技术及维修质量标准（10学时）。

二、机电设备机械结构的维修技术

从环保、绿色、经济、效率的角度出发，修复机电设备的机械结构具有以下显著优点：

1）节约原材料，节约加工以及拆装、调整、运输等的费用，有利于降低维修成本。

2）减少更换件的生产或采购，有利于缩短设备停修时间，提高机电设备利用率。

3）减少备件储备，从而减少资金的占用。

4）一般不需要使用精、大、稀等关键设备，易于组织生产。

5）利用新技术修复失效机械结构还可提高零部件的某些性能，延长机械结构的使用寿命。尤其是对于大型、贵重和加工周期长、精度要求高的零部件，意义更为重要。

（一）机械结构维修技术的种类及选择

1. 机械结构维修技术的种类

（1）金属扣合技术　包括强固扣合法、强密扣合法、加强扣合法等。

适用范围：用于修复机械结构中那些不易焊修的钢件，不允许有较大变形的铸件和非铁金属件等。适用于大型铸件，如机床床身、轧机机架等基础机械结构件的修复。

（2）机械结构表面强化技术　包括表面形变强化、表面热处理强化和表面化学热处理强化、三束表面改性技术等。

适用范围：可用于改善机械结构材料的表面性能，提高机械结构表面的耐磨性、抗疲劳性、延长其使用寿命等。

（3）塑性变形修复技术　包括墩粗法、挤压法、扩张法、校正法等。

适用范围：多用于小批量或成批修复机械结构变形。

（4）电镀修复技术　包括镀铬、镀铁、电刷镀等。

适用范围：用于修复磨损量不大、精度要求高、形状结构复杂、批量较大和需要某种特殊材料层的机械结构。

（5）热喷涂修复技术　包括火焰类、电弧类、电热类、激光类等。

适用范围：用于各种机械结构中金属或非金属件的机械性损伤修复。

（6）焊接修复技术　包括补焊、堆焊等。

适用范围：可修复磨损失效的机械结构，可以焊补裂纹与断裂、局部损伤，可以用于校正机械结构的形状等。

（7）粘接修复技术　包括热熔粘接法、溶剂粘接法、胶粘剂粘接法等。

适用范围：应用粘接技术修复磨损型机件，不但能恢复磨损型机件的尺寸，还可以改善机械结构摩擦表面的状况，延长磨损机械结构的使用寿命。

2. 机械结构维修技术的选择

机电设备的机械结构可能会同时存在多种损伤缺陷的表现，或者某一种损伤缺陷表现可能会存在着几种不同的修复方法和技术。实践中究竟选择哪一种修复方法及技术，需要根据机械结构修复的基本原则进行合理选择，这就是修复机电设备机械结构时首先要解决的问题。

（1）选择维修技术应遵守的基本原则　选择修复技术时应遵守"技术合理、经济性好、生产可行"的基本原则。

1）技术合理。技术合理指的是该修复技术应满足待修机械结构的技术要求。选择时需要考虑使用的修复技术对机械结构材质的适应性，修复技术所能提供的覆盖层厚度与覆盖层的力学性能，修复技术是否满足机械结构的工作条件；对同一机械结构不同的损伤部位所选用的修复技术应尽可能少，同时考虑下次修复的便利等因素。

2）经济性好。与采购新件相比，若能以较低的、合理的成本费用修复机械结构，并获得较好的结构、性能与使用寿命的恢复，则选用修复的方式对机电设备的机械结构进行维修。

评价机械结构修复经济性的公式为

$$\frac{S_{修}}{T_{修}} < \frac{S_{新}}{T_{新}}$$

式中　$S_{修}$——旧件修复的费用（元）；

　　　$T_{修}$——旧件修复后的使用期（h 或 km）；

　　　$S_{新}$——新件的制造费用（元）；

　　　$T_{新}$——新件的使用期（h 或 km）。

同时应注意在实际生产中，必须考虑因备品配件短缺而停机、停产造成经济损失的情况。此时，即使所采用的修复技术使得修复旧件的单位使用寿命所需费用较多，从整体经济方面考虑也是可取的话，可以不受上述公式经济性要求的限制。

3）生产可行。选择修复技术要结合企业现有的修复装备状况和修复水平进行，同时企业也需根据行业技术的发展更新现有修复技术与设备，提高修复效率并降低修复成本。

（2）选择维修技术的方法与步骤

1）首先要了解和掌握待修机械结构的损伤形式、损伤部位和损伤程度；了解待修机械结构的材质、物理性能、力学性能和技术条件；了解待修机械结构在机电设备中的功能和工作条件等。

2）明确机械结构修复的技术要求，对照本单位的修复技术装备状况、技术水平和经验，估算旧件修复的数量。

3）按照选择修复技术应遵守的基本原则，对待修机械结构的各个损伤部位选择相应的修复技术。

4）根据企业对效率、技术与经济性的要求，全面权衡机械结构不同损伤部位的修复技术方案，最后择优确定修复方案。

5）根据企业的质量标准制订修复工艺规程与质量验收方案。

（3）注意事项

1）在保证修复质量的前提下，力求使用的修复技术种类最少。

2）修复方案中力求避免各修复技术之间的相互不良影响（例如热影响）。

3）尽量采用简便而又能保证质量的修复技术。

（4）对制订机械结构维修工艺规程技术人员的要求

1）制订修复工艺的工程师应熟悉机电设备机械结构的材料及其力学性能、工作条件和技术要求；了解损伤部位、损伤性质（磨损、断裂、变形、腐蚀）和损伤程度（如磨损量大小、磨损不均匀程度、裂纹深浅及长度等）；了解本单位的设备状况和技术水平，明确修复的批量。

2）工程师应根据修复技术的选择原则选择合理高效的修复技术方法，分析该机械结构修复中的主要技术问题，并提出相应的解决措施和方案；安排合理的技术顺序，提出各工步的技术要求、工艺规范以及所用的工具、机具和量具等。

3）工程师应听取有关人员意见并进行必要的试修，对试修件进行全面的质量分析和经济指标分析，并在此基础上正式填写技术规程卡片，报请主管领导批准后执行。

4）在技术规程中，工艺设计工程师既要对关键技术问题做出明确规定，严把质量关，又要掌握灵活性原则，便于修理工人根据自己的经验和习惯把控技术与工艺的细节。

（5）制订维修工艺规程的注意事项

1）必须依据成本、效率和技术等综合指标的要求合理编排修复工艺顺序。变形较大的工序应排在前面，电镀、喷涂等工艺一般在压力加工和堆焊修复后进行；机械结构各部位的修复工艺相同时，应安排在同一工序中进行；精度和表面质量要求较高的工序应排在最后。

2）必须保证维修质量的精度要求。尽量使用机械结构在设计和制造时的基准；若原设计和制造的基准被破坏，必须安排对基准面进行检查和修正的工序；当机械结构有重要的精加工表面不需修复，或在修复过程中不会变形时，则选该表面为基准；各修复表面的表面粗糙度及其他几何公差应符合机电设备的使用要求或新件的标准。

3）对高速旋转机械结构必须安排平衡试验工序。为保证高速运动机件的平衡，必须规定平衡试验工序。

4）必须保证维修的机械结构具备足够的强度。机械结构的内部缺陷会降低疲劳强度，因此在重要机械结构的修复前、后都要安排无损检测工序，并对重要机械结构提出新的技术要求，如加大过渡圆角半径、提高表面质量、进行表面强化等，防止出现疲劳断裂。

5）必须保证机械结构的工作表面和受力结构内部具备适当硬度。保护不加工表面的热处理部分，最好选用不需热处理就能得到高硬度的工艺，如镀铬、镀铁、等离子喷焊、氧乙炔火焰喷焊等；当修复加工后必须进行热处理时，尽量采用高频感应淬火。

（二）机械结构的主要维修技术

1. 金属扣合技术

（1）定义　金属扣合技术是利用扣合件的塑性变形和热胀冷缩的性质将损坏的机械结构连接起来，以达到修复机械机构裂纹或断裂的目的，常用的金属扣合技术示例如图4-1所示。

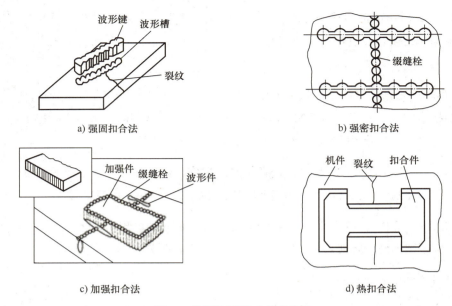

图4-1 常用的金属扣合技术示例

（2）特点

1）整个工艺过程完全在常温下进行，排除了热变形的不利因素。

2）操作方法简便，不需特殊设备，可完全采用手工作业，便于现场就地进行修理工作，具有快速修理的特点。

3）波形槽分散排列，扣合件（波形键）分层装入，逐片铆击，避免了应力集中。

2. 表面强化技术

（1）定义 表面强化技术是指采用某种工艺手段，通过材料表面的相变，改变表层的化学成分、应力状态，提高表面的冶金质量，赋予机械结构基体材料本身所不具备的特殊力学、物理和化学性能，从而满足工程上对机械结构要求的一种技术。

（2）特点

1）材料经过表面改性处理后，既能发挥基体材料的力学性能，又能使材料表面获得各种特殊性能。

2）表面改性技术可以掩盖机械结构基体材料表面的缺陷，延长材料和机械结构的使用寿命。

3）节约稀、贵材料，节约能源，改善环境，并对各种高新技术的发展具有重要作用。

（3）分类

1）表面形变强化。表面形变强化是提高金属材料疲劳强度的重要工艺措施之一。其原理是通过机械手段在金属表面产生压缩变形，使表面形成形变硬化层，此形变硬化层的深度可达 0.5～1.5mm。

表面强化技术使材料组织结构内部亚晶粒极大地细化，位错密度增加，晶格畸变度增大；并形成了较高的宏观残余压应力。表面形变强化方法主要有滚压、内挤压和喷丸等，其中喷丸强化应用最为广泛，图 4-2 所示为滚压表面硬化加工示例。

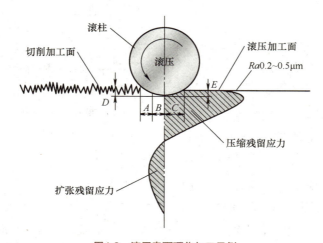

图4-2　滚压表面硬化加工示例
A—滚压区域　*B*—塑性变形区域　*C*—平滑区域　*D*—滚压量　*E*—弹性恢复量

2）表面热处理强化。表面热处理强化是通过对机械结构的表面加热或冷却，使表层发生相变，从而改变表层组织和性能，而不改变材料成分的一种工艺。它是最基本、应用最广泛的材料表面改性技术之一，它可使机械结构表层具有高强度、高硬度、高耐磨性及疲劳极限，而内部仍保留原组织状态。

常用的表面热处理强化技术有感应淬火、火焰淬火、接触电阻加热淬火和浴炉加热淬火等，机电设备机械结构维修中广泛使用的是感应淬火和火焰淬火。

感应淬火的基本原理和工艺流程如下：将机械结构放在铜管绕制的感应圈内，当感应圈通过一定频率的电流时，感应圈内部和周围产生同频率的交变磁场，于是机械结构中相应产生了自成回路的感应电流。由于集肤效应（频率越高，电流集中的表面层越薄），感应电流主要集中在机械结构的表层，使机械结构的表面迅速被加热到淬火温度，随即喷水冷却使机械结构表层淬硬，感应淬火示例如图 4-3a 所示。

实际操作中需根据热处理及加热深度的要求选择感应加热频率，频率越高，加热的深度越浅。常用的高频感应加热频率范围为 100～500kHz；中频感应加热频率范围为 0.5～10kHz；工频感应加热的频率为供电频率 50Hz。

火焰淬火是用乙炔-氧或煤气-氧等火焰加热机械结构表面进行淬火，淬硬层深度为 2～

6mm。火焰淬火和感应淬火相比，具有设备简单、成本低等优点，但其生产率较低，机械结构的表面存在不同程度的过热情况，质量控制也比较困难。火焰淬火主要适用于单件、小批量生产及大型机械结构（如大型齿轮、轴、轧辊等），其原理示例如图 4-3b 所示。

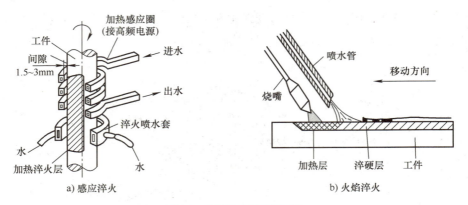

图4-3　表面热处理强化示例

3）表面化学热处理强化。这是一种利用元素扩散性能使金属元素渗入金属表层的一种热处理工艺。将机械结构置于渗入元素的活性介质中加热到一定温度，使活性介质通过分解并释放出能够渗入元素的活性原子，活性原子被机械结构的表面吸附并溶入表面形成扩散层，从而改变机械结构表层的成分、组织和性能。

表面化学热处理强化有利于提高金属表面的强度，提高材料疲劳强度，使金属表面具有良好的抗黏着、抗咬合的能力，降低摩擦系数，并可提高金属表面的耐蚀性。

4）三束表面改性技术。将激光束、电子束和离子束（合称"三束"）等具有高能量密度的能源（一般功率密度达到 $10^3 W/cm^2$ 以上）施加到机械结构的材料表面，使其产生物理、化学或相结构转变，从而达到表面改性目的的技术，三束表面改性技术原理示例如图 4-4 所示。

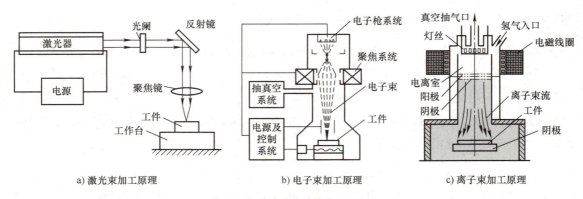

图4-4　三束表面改性技术原理示例

高能束热源作用在材料表面上的功率密度高、作用时间极其短暂，加热速度快、冷却速度也快，处理效率高。高能束表面改性是靠束流作用在金属表面对金属进行加热，属于非接触式加热，没有机械应力作用。高能束表面改性具有许多独特的优点，如离子注入，不会像热扩散那样受到化学结合力、扩散系数和相平衡规律的限制。由于高能束作用面积小，金属本身的热容量足以使被处理的表面骤冷，从而保证马氏体转变的完成；而且急冷可抑制碳化物的析出，从而减少脆性相的影响，获得隐晶（隐针）马氏体组织。

3. 塑性变形修复技术

（1）概述

1）定义。塑性变形修复技术是利用金属或合金的塑性变形性能，使机械结构在一定外力作用的条件下改变其几何形状而不损坏自身的技术。

2）特点。塑性变形修复使用的方法属于一般压力加工的方法，但其工作对象不是毛坯，而是具有一定尺寸和形状的磨损机械结构。这个方法是将机械结构中的不工作部分金属转移到被磨损的工作部位，以恢复其名义尺寸。因此，用这种方法修复不但改变机械结构的外形，而且改变金属的力学性能和组织结构。

（2）塑性变形修复技术的常用方法　塑性变形修复技术多在小批或成批修复机械结构时采用，常用的方法有镦粗法、挤压法、扩张法和热校法。

1）镦粗法。镦粗法一般在常温下进行，是借助压力来增加机械结构件的外径，以补偿外径的磨损部分，主要用来修复非铁金属套筒和滚柱形机械结构，镦粗法示例如图4-5a所示。用镦粗法修复机械机构，机件被压缩后的缩短长度不应超过其原长度的15%，对于承载较大的则不应超过其原高度的8%。为使全长上镦粗均匀，其长度与直径比例不应大于2，否则不适宜采用这种方法。

镦粗法可修复内径或外径磨损量小于0.6mm的机械结构，对必须保持内外径尺寸的机械结构，可以采用镦粗法补偿其中一项磨损量后，再采用其他修复方法保证另一项恢复到原来尺寸。根据机械结构具体形状及技术要求，可制作简易模具以保证所需的尺寸要求，尤其是对批量机械结构的修复更为有利，可提高效率，保证质量。设备一般可采用压力机或用锤子等手工敲击。

2）挤压法。利用压力将机械结构中不需严格控制尺寸部分的材料挤压到受磨损的部分，主要适用于筒形机械结构内径的修复。挤压法修复机械结构是利用冲头和冲模使套筒外径受压缩小，因而使内径恢复到要求的尺寸，套筒的外径可借金属喷涂、镀铬和堆焊等方法恢复。例如可用如图4-5b所示的模具进行轴套的挤压修复。

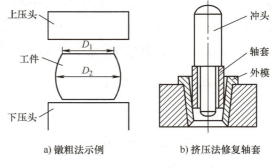

图4-5　镦粗法与挤压法示例

3）扩张法。扩张法的原理与挤压法相似，不同的是机械结构受压向外扩张以增大外形尺寸，补偿磨损部分。扩张法主要应用于外径磨损的套筒形机械结构。根据具体情况可利用简易模具和在冷状态或热状态下进行扩张加工（冷加工扩张需要很大的压力，并且容易产生裂纹），使用设备的操作方法都与前两种方法相同。例如，空心活塞销外圆磨损后一般用镀铬法修复，若没有镀铬设备，可用扩张法进行修复，活塞销的扩张既可在热状态下进行，也可在冷状态下进行，扩张后的活塞销，应按技术要求进行热处理，然后磨削其外圆，直到达到尺寸要求。

4）热校法。机电设备的机械结构在使用过程中常会发生弯曲、扭曲等残余变形，利用外力或火焰使机械结构产生新的塑性变形从而消除原有变形，此种修复机件变形的方法称为热校法。热校法利用金属材料热胀冷缩的特性来校正变形机械结构，其原理示例如图4-6所示。火焰喷嘴沿轴的弯曲凸面快速移动进行局部均匀加热，材料受热膨胀使轴的两端向下弯曲，即轴的弯曲变形增大；当冷却时由于受热部分收缩产生相反方向的弯曲变形，从而使轴的弯曲变形得以校正。

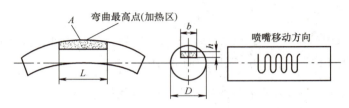

图4-6 热校法原理示例

热校法加热区的形状有条状（在均匀变形和扭曲时）、蛇形（在变形严重，需要热区面积大时）、圆点状（精加工后的细长轴类机械结构）等。热校直轴类机械结构的一般操作规范为：利用车床或 V 形铁，找出弯曲结构的最高点，确定加热区；按机械结构直径大小决定加热用的氧乙炔火焰喷嘴的尺寸。若弯曲量较大时，可分数次加热校直，不可一次加热过长，以免烧焦机械结构的表面。

5）机械校直法。机械校直法也称为静载荷法，一般是在压力机或专用机床上进行变形机械结构的校直，用于校正弯曲变形不大的小型轴类机械结构。机械校直法简单易行，但校正的精度不容易控制，经此法校直的机械结构内有残余应力，即使采用低温退火也难以完全消除，会在以后的使用中再度变形。此外，由于校直后轴类机械结构上截面变化处（如过渡圆角）塑性变形较大，会产生较大的残余拉应力，使机械结构的疲劳强度降低。

4. 电镀修复技术

（1）概述

1）定义。电镀是指在含有待镀金属的盐类溶液中，以被镀基体金属为阴极，通过电解作用使镀液中待镀金属的阳离子在基体金属表面沉积，形成镀层的一种表面加工技术。

2）特点。电镀法形成的金属镀层不仅可补偿机械结构表面的磨损，而且能改善机械结构的表面性质，例如可以提高机械结构表面的耐磨性（如镀铬、镀铁）、提高耐蚀性（如镀锌、镀铬等）、形成装饰性镀层（如镀铬、镀银等）以及特殊用途（如防止渗碳用的镀铜、提高表面导电性的镀银等），有些电镀还可改善润滑条件。

3）应用。电镀是机电设备的机械结构常用修复技术之一，主要用于修复磨损量不大、精度要求高、形状结构复杂、批量较大和需要某种特殊层的机械结构。

（2）镀铬修复

1）镀铬的特点。硬度高、耐磨性好，维氏硬度可达 800~1000HV，高于渗碳钢、渗氮钢，镀铬层的耐磨性是无镀铬层 2~50 倍；摩擦因数小，镀铬层的摩擦因数为钢和铸铁的 50%；导热性好，热导率比钢和铸铁约高 40%；耐蚀能力强，镀铬层与有机酸、硫、硫化物、稀硫酸、硝酸、碳酸盐或碱等均不起反应，具有较高的化学稳定性，能长时间保持光泽；镀铬层与钢、镍、铜等基体金属有较高的结合强度。

2）镀铬的缺点。不能修复磨损量较大的机械结构，镀层的厚度一般为 0.5~0.8mm，过厚则容易脱落；镀层有一定的脆性，只能承受工作表面均匀分布的动载荷；镀铬的工艺比较复杂，一般不重要的机械结构不宜采用。

5. 热喷涂修复技术

（1）概述

1）定义。热喷涂是利用某种热源，如电弧、等离子弧、燃烧火焰等将粉末状或丝状的金属和非金属涂层材料加热到熔融或半熔融状态，然后借助焰流本身的动力或外加的高速气流雾化，以一定的速度喷射到经过预处理的基体材料表面，与基体材料结合而形成具有各种性能的表面覆盖涂层的一种技术，图 4-7 所示为热喷涂修复技术应用示例。

图 4-7　热喷涂修复技术应用示例

2）特点。热喷涂既能够填补机械结构因刮、擦、碰等引起的伤痕，又能方便地恢复机械结构磨损的尺寸，还能通过选择适当的喷涂材料，明显改善和提高包括耐磨性和耐蚀性等多种指标在内的机械结构表面性能，因而在各种金属或非金属结构的机械性损伤修复领域占有重要的地位。

3）分类。火焰类：火焰喷涂、爆炸喷涂、超音速喷涂；电弧类：电弧喷涂和等离子喷涂；电热类：电爆喷涂、感应加热喷涂和电容放电喷涂；激光类：激光沉积喷涂、激光熔覆等。

（2）激光熔覆修复　激光熔覆修复技术通常采用预置粉末或同步送粉方法加入金属粉末，利用激光束聚焦能量极高的特点，在瞬间将基体表面微熔，同时使基体表面预置的金属粉末（与基体材质相同或相近）全部熔化，激光撤去后快速凝固，获得与基体呈冶金结合的致密熔覆层，使机械结构表面恢复几何外形尺寸并使表面熔覆层强化。

激光熔覆修复技术解决了电弧堆焊、氩弧堆焊、等离子弧堆焊等传统修复方法无法解决的工艺过程热应力和热变形大的难题。激光熔覆技术具有稀释率低、热输入小、材料广泛等众多优点，目前已在产业化应用的过程中演化出多种不同类型，并广泛应用于增材制造（3D打印）、再制造、表面工程的各个领域，激光熔覆修复技术示例如图4-8所示。

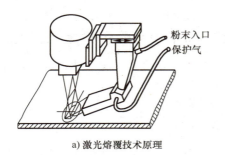 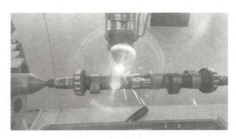

a) 激光熔覆技术原理　　　　　　b) 激光熔覆技术修复凸轮轴

图4-8　激光熔覆修复技术示例

6. 焊接修复技术

（1）概述

1）定义。焊接是通过加热或加压，或同时加热、加压的方法，使两个金属件的连接达到原子间的冶金结合，形成永久性连接的一种工艺。

2）特点。成本低、工时少、效率高、结合强度高，可修复磨损失效机械结构，焊补裂纹与断裂、局部损伤，也可以用于校正形状，但焊接时机械结构温度较高，易产生变形和裂纹。

3）应用。焊接修复工艺要求严格，要求焊前预热、焊后退火。由于补焊和堆焊时对机械结构的局部不均匀加热易使结构产生内应力和变形，所以一般不宜于修复较高精度、细长和薄壳类机械结构。

4）分类。根据提供热能的不同方式，焊修可分为电弧焊、气焊和等离子弧焊等；按照焊修的工艺和方法的不同，又可分为补焊、堆焊等。用于修复机械结构使其恢复尺寸与形状或修复裂纹与断裂时，称为补焊；用于恢复机械结构尺寸、形状并赋予结构表面以某些特殊性能的熔敷金属时，称为堆焊；按照机械结构的材质不同主要分为铸铁件的焊修和钢件的焊修。手工焊修复技术示例如图4-9所示。

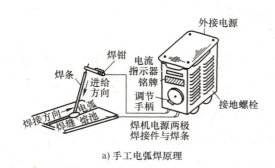

a) 手工电弧焊原理　　　b) 手工电弧焊修复机件

图4-9　手工焊修复技术示例

（2）铁铸件的补焊

1）铁铸件补焊的工艺特点。铸铁含碳量高，从熔化状态遇到骤冷容易白口化导致收缩率变大。铸铁焊接时的残余应力与铸造残余应力集中作用到厚壁部分或角隅，易形成裂缝以至剥离；铸铁中含硫、磷量较高，也给焊接带来了一定的困难；铸铁中的碳主要以片状石墨形式存在，焊修时石墨被高温氧化产生 CO_2 气体易使焊缝金属产生气孔或咬边；铸铁组织疏松，若组织浸透油脂（尤其是长期需润滑的机械结构），焊修时只靠简单的机械除油、化学除油是远远不够的，焊修时易在焊缝中产生气体，形成气孔；铸铁件在铸造时产生的气孔、缩松、砂眼等也容易造成焊修缺陷；对于铸铁件，如补焊的工艺措施和保护方法不当，极易产生变形过大或电弧划伤而使设备的机械结构报废。

2）铸铁件补焊。分为热焊和冷焊。热焊是焊前对工件高温预热（600℃以上），焊后加热、保温、缓冷；冷焊是在常温下或仅低温预热进行焊接，一般采用焊条电弧焊或半自动电弧焊。

（3）钢铸件的补焊

1）特点。钢的品种繁多，其焊接性差异很大，一般来说，含碳量越高、合金元素种类和数量越多，焊接性越差。焊接性差主要指在焊接时容易产生裂纹，钢中的碳、合金元素含量越高，出现裂纹的可能性越大。

机电设备的机械结构件多为承载件，除有物理性能和化学成分要求外，还有尺寸精度和几何精度要求以及焊后可加工性的要求；机械结构的损伤多是局部损伤，在补焊时要保持其他部分的精度和物理、化学性能；由于多数材料焊接性较差，但又要求焊修后的部位要保持设计规定的精度和材料性能，因而焊接的工艺需严格、合理。

2）应用分类。低碳钢材料的机械结构由于焊接性良好，补焊时一般不需要采取特殊的工艺措施。只有在特殊情况下（例如机械结构刚度很大或低温补焊时有出现裂纹的可能）要注意选用抗裂性优质焊条，同时采用合理的焊接工艺以减少焊接应力。

中、高碳钢材料的机械结构，由于钢中含碳量较高，焊接接头容易产生焊缝内的热裂纹、热影响区内由于冷却速度快而产生的低塑性淬硬组织引起的冷裂、焊缝根部主要由于氢的渗入而引起氢致裂纹等。

3）钢件补焊的措施。包括焊前预热、焊条选择、多层焊、焊接区清理、焊后热处理以及减少母材熔入焊缝的比例等。

预热有利于降低热影响区的最高硬度，防止冷裂纹和热应力裂纹，改善接头塑性，减少焊后残余应力；尽可能选用抗裂性能较好的碱性低氢型焊条，以增强焊缝的抗裂性能，特殊情况也可采用铬镍不锈钢焊条；多层焊的优点是前层焊缝受后层焊缝热循环作用使晶粒细化，性能改善；彻底清除油、水、锈以及可能进入焊缝的任何氢的来源；焊后热处理可以消除焊接部位的残余应力，改善焊接接头的韧性和塑性，同时加强扩散氢的逸出，减少延迟裂纹的产生；焊接坡口的制备除了应保证便于施焊，还要尽量减少填充金属控制母材融入焊缝的比例。

7. 粘接修复技术

（1）概述

1）定义。利用粘结剂把相同或不相同的材料或机电设备损坏的机械结构连接成一个连续的牢固整体，使其恢复使用性能的方法称为粘接或胶接。从实质上看，粘接是一种表面现象，是靠胶粘结剂与被连接件中间的化学的、物理的和机械的力粘接起来，并使粘接接头具有一定的使用性能。

2）应用。用粘结剂修复损坏的机械结构，成功地解决了某些用其他方法无法修复的机械结构的问题。另外，利用粘结剂还可进行装配工作并满足机械结构保持密封性的要求，从而使机电设备的某些配装工艺大大简化，生产率明显提高。

（2）粘接技术的特点

1）粘接技术的优点。粘接不受材质的限制，且可达到较高的强度，可实现金属和非金属以及其他各种材料之间的粘合；与焊接、铆接、螺纹连接相比，粘接可减轻结构重量的20%～25%；粘接接缝具有良好的密封性和化学稳定性；粘接工艺简便、易行，不需要复杂设备，便于现场修复；粘接不破坏原件的强度，可以粘补铸铁件、铝合金件和薄件、微小件。

2）粘接技术的缺点。粘接不耐高温；粘接接头的耐冲击性能较差，抗弯和不均匀撕裂强度低；与焊接、铆接相比粘接强度不高；使用有机粘结剂尤其是溶剂型粘结剂，存在易燃、有毒等安全问题；粘接质量尚无可行的无损检测方法，因此应用受到一定的限制。

（3）粘结剂的种类与分类　粘结剂种类繁多，分类方法也很多，目前常用的有按基料的基本成分分类和按用途分类。常见粘结剂类型示例如图4-10所示。

a) 金属粘结剂　　　　b) 结构粘结剂　　　　c) 全酸蚀粘结剂　　　　d) 冷硫化粘结剂

图4-10　常见粘结剂类型示例

1）按粘结剂的基料基本成分分为有机粘结剂和无机粘结剂。

2）按粘结剂的来源分为天然粘结剂和合成粘结剂。

3）按粘结剂的用途可分为结构粘结剂、修补粘结剂、密封粘结剂、软质材料用粘结剂和特种粘结剂等。

4）按粘结剂的状态分为液态粘结剂与固体粘结剂。

5）按粘接接头的强度特性分为结构粘结剂和非结构粘结剂。

6）按粘结剂的形态分为粉状粘结剂、棒状粘结剂、胶膜粘结剂、糊状粘结剂及液态粘结剂等。

7）按热性能分为热塑性粘结剂与热固性粘结剂等。

（4）粘接材料的选用原则

1）依据被粘接结构的材料和性质选用。金属及其合金宜选用改性酚醛树脂、改性环氧树脂、聚氨酯橡胶、丙烯酸粘结剂。不能用脂肪伯、仲胺类（乙二胺、乙二烯三胺等）固化的环氧树脂粘结剂来粘接铜及其合金，也不能用酸性较高的粘结剂来粘接金属。

2）根据粘接的目的和用途选用。用于连接目的要用粘接强度高的粘结剂；用于密封目的要选用密封粘结剂；用于填充、灌注、嵌缝等目要选用黏度大、加入较多填料、室温固化的粘结剂；用于固定、装配、定位、修补目的要选用室温快速固化的粘结剂；用于罩光要选用黏度低、透明无色的粘结剂。

3）根据粘接件的使用环境选用。高温下使用的粘接件要选用耐高温、耐热老化性好的粘结剂，如有机硅粘结剂、聚酰亚胺粘结剂、酚醛-环氧粘结剂或无机粘结剂；对于在低温下使用的粘接件，要选用耐寒粘结剂或耐超低温粘结剂，如聚氨酯粘结剂或环氧-尼龙粘结剂；如果粘接件在冷、热交变情况下工作，要选用硅橡胶粘结剂、环氧-酚醛粘结剂及聚酰亚胺粘结剂等；在水中或潮湿环境中工作的粘接件，要选用耐水性和耐湿热老化性好的粘结剂，例如酚醛-丁腈粘结剂。

4）根据粘接件的受力情况选用。粘接承受载荷的特点是抗拉、抗剪、抗压强度比较高而抗弯、抗冲击、撕裂强度比较低，剥离强度更低。受力不大的粘接件，可选用一般通用的粘结剂；受力较大的，要选用结构粘结剂；长期受力的，应选用热固性粘结剂，以防蠕变破坏；对于受力频率低或静载荷的粘接件，可选用刚性粘结剂，如环氧粘结剂；对于受力频率高或承受冲击载荷的粘接件，要选用韧性粘结剂，如酚醛-丁腈粘结剂或改性环氧粘结剂；对于受力比较复杂的结构粘接件，要选用综合强度性能较好的弹性体和热固性树脂组成的粘结剂，如环氧-丁腈粘结剂。

5）根据工艺上的可行性选用。除了考虑粘结剂的强度、性能外，还要考虑工艺的可行性。

6）根据粘结剂的经济性选用。在保证性能的前提下，尽量选用便宜的粘结剂。

7）注意事项。各种类型的粘结剂，配方不同，效能也不同，包括状态、黏度、适用期、固化条件、粘接工艺、粘接强度、使用温度、收缩率、线膨胀系数、耐蚀性、耐水性、耐油性、耐介质性和耐老化性等，这些都是选用粘结剂时必须考虑的因素。

（5）粘接的工艺

1）粘接接头设计。为了使粘接接头的强度与被粘机械结构的强度有相同的数量级，保证粘接成功，必须根据接头承载特点认真地选择接头的几何形状和尺寸大小，设计合理的粘接接头。

从力学性能观点出发，设计粘接接头时应尽可能避免应力集中，减少接头受剥离、劈开的可能性，同时合理增大粘接面积。除考虑力学性能外，还需要考虑粘接工艺、维修和成本等因素。常用粘接接头的形式有搭接、角接、T接、嵌接和套接等，如图4-11所示。

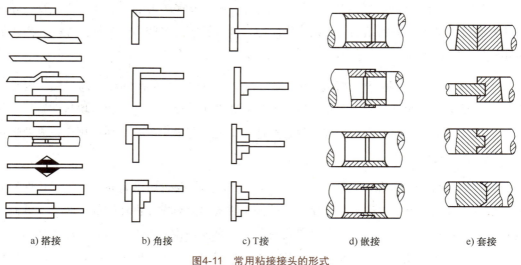

a) 搭接　　b) 角接　　c) T接　　d) 嵌接　　e) 套接

图4-11　常用粘接接头的形式

2)粘接操作的流程。一般是先对被粘机械结构的表面进行修配,使之配合良好,再根据材质及强度要求对被粘表面进行不同的表面处理(有机溶剂清洗、机械处理、化学处理或电化学处理等),然后涂布粘结剂,将被粘表面合拢装配,最后根据所用粘结剂的要求完成固化步骤(室温固化或加热固化)就实现了胶接连接。通用的粘接流程示例如图4-12所示。

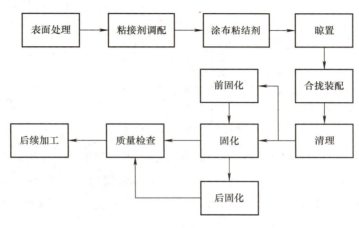

图4-12 通用的粘接流程示例

三、机电设备电气系统的检测与维修技术

(一)电气系统的检测与维修

机电设备电气系统中的各种模块和元件经过长期使用或使用不当会造成损坏,必须及时进行维修。虽然机电设备电气系统产生故障的原因错综复杂,故障现象也多种多样,但依然具有很强的规律性,只要掌握正确的检修方法、检修步骤和检修技术就能保证故障的快速排除并保障修理的质量。

1. 检测与维修的步骤

(1)了解故障类型 不同类型的电气系统故障有不同的特点,检修时可根据故障的类型确定检修的手段与方法。发生在机电设备通电调试前的故障,多数为连接、装配或产品质量问题;机电设备正常工作后发生的故障,多数为产品老化或不正常的工作条件造成的损坏;而人为故障多数为误操作,维修时元件极性装反或使用了不正确的元器件。

1)短路故障。短路故障是指电源不经过负载就构成了回路,或在线路中某处不经过负载而接通,以及线路中传输电流的导线因为绝缘老化、破坏而接地。具体的原因有导线绝缘破坏并且互相接触造成碰线；开关、接线盒、灯座等外接线松落造成线间互相接触；接线操作不慎或因接线错误将线路极性弄错，或线头直接碰地等，几种短路现象的示例如图4-13所示。短路使机电设备不能正常工作，造成器件发烫、损毁、火灾等安全事故，是一种非常严重且应尽可能避免的电路故障。

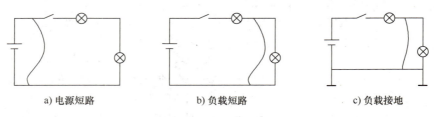

图4-13　几种短路现象示例

2）漏电故障。漏电故障发生的主要原因是电气线路与设备绝缘不良；连接导线受潮；绝缘老化、破损等。漏电严重时不仅会使导线发热，耗电量增加，还会使机电设备的机壳带电，造成电击伤害。漏电故障在机电设备中发生率较高，尤其是在工厂环境的机电设备控制线路中出现的概率较大。

3）断路故障。断路故障也称为开路故障，指的是线路中某点因为故障断开，造成回路中没有电流通过负载，导致负载不能正常工作。原因可能是导线折断、连接点松动或接触不良。

4）变质故障。对机电设备来说，变质故障就是电气系统中模块或元器件的参数与系统要求的参数相差太远，比如阻值增大、电容量变小、三极管放大倍数变小、温度特性变化等。多数是由于模块、元器件老化，或工作条件超过模块、元件的设计极限导致的。

（2）检修前的准备工作

1）询问现场操作者并查询机电设备的故障灯与报警代码，了解设备损坏前后的状况，如有无声响、冒烟、发热、有无他人检修过设备以及报警内容等。

2）试用待修机电设备，通过对机电设备上电后的试听、试看、试用等方式加深对故障的了解（有短路发生的设备不能上电检测，必须解决短路问题后，方可上电检测）。

3）看懂原理图和装配图。检修前需根据原理图分析电控系统的结构与功能，了解各单元间电路的联系，确定检测点，根据检测结果并结合故障现象，在原理图上进行故障分析，缩小故障搜索范围。

4）准备检修工具、量具及配件。常用的有尖嘴钳、镊子、螺钉旋具、电烙铁、万用表、试电笔、钳形电流表等。对于复杂的故障可能需要信号发生器、示波器等，几种常用的电工检修测量工具如图4-14所示。

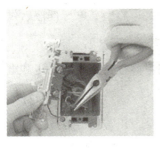  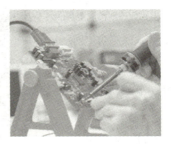

a) 尖嘴钳拆装　　　　　　b) 镊子拆装和螺钉旋具　　　　　c) 电烙铁焊接

  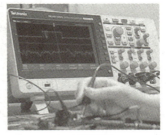

d) 电流钳测量　　　　　　e) 万用表测量　　　　　　　　f) 示波器测量

图4-14　常用的电工检修测量工具

（3）故障检修流程　对电气系统的故障检修可以分为三级，第一级检修是更换整个模块；第二级检修是更换电路板等组件；第三级检修是更换元器件。生产用机电设备推荐采用第一或第二级检修，可以在控制成本的条件下保证维修效率。机电设备电气系统维修的注意事项包括：

1）用同规格、同型号的良品替换损坏、变质的器件。

2）重新调整有关线路或可调器件，以解决控制失调类故障，达到最优控制。

3）重焊、补线以排除虚焊、脱焊或断线的故障。

4）清洗、烘烤受污染、受潮接触不良的线路、器件或设备，可解决接触不良、漏电等故障。

5）现场条件有限时灵活处理，但必须规范，并做好标识，配件齐备后需要尽快更换。机电设备的电气系统故障检修完毕后，检修人员应进行开机试运行，并校验控制功能，调整参数至性能最佳。

6）检修完成后维修人员填写检修记录，现场演示功能正常后移交给操作者。

2. 检测与维修的技巧

维修人员在检修机电设备的电气系统前应了解机电设备的性能及主要指标，掌握检修设备的工作原理，根据机电设备电气系统的特点、故障现象以及维修条件对出现的故障进行分析和排除。为提高检修的效率和效益，电气系统的检修应遵循和掌握以下的流程与技巧：

1）先调查后动手。了解相关信息准确判断故障，避免盲目拆机使故障复杂化。

2）先外部后内部。先检查机电设备的外部元件（设备的开关、旋钮、电源插座、供电的断路器、漏电保护等）有无松动、断线或保护动作，再检查电控系统的内部。

3）先电源后电器。首先保证供电正常，使用万用表、电流钳检查交直流的电压和电流是否正常（额定值、平衡等）。

4）先静态后动态。首先检查无输入条件下电控系统的输出是否正常，再检查有信号输入时，电控系统的输出。

5）先简单后复杂。根据电路原理从简单到复杂的顺序检查，逐级排查确定故障。

6）先通病后疑难杂症。首先检修故障率高的模块、单元和元件，排除一般性故障，再解决疑难杂症。

3. 检测与维修的注意事项

1）切忌盲目检修。应该弄清楚故障原因是内部原因还是外部原因再决定是否拆机，以免浪费时间或扩大故障，拆解元器件时应用力适度并做好记录，避免无法复原，不能盲目调整可调元器件，应做好标记或记录，修复后无用的调整需复位。

2）避免短路。操作的工作台应整洁以免造成短路，带电操作应确保安全和绝缘，避免工具表针滑动造成短路。

3）元器件替换和代用。尽量采用同型号、同极性的元器件代换。

4）保修期的处理。保修期内避免随意拆焊，破坏保修标签，以免无法保修。

5）效益与效率的兼顾。修理过程要考虑生产需求，全面衡量，坚持物有所值，效率优先的原则。

（二）电气系统常用的检测与维修方法

1. 常用的检测与维修方法

机电设备电气系统故障检修的常用方法有直观检测法、万用表测量法、波形法、替代法、标准信号输入法、短接法等。需要根据电控系统故障的具体情况合理选择使用。

（1）直观检测法　在不通电或通电的前提下，通过感官对故障原因进行分析和判断。检修的步骤流程如下：

1）检查机电设备外部面板的开关、旋钮、插口、导线插排、接线端等有无松动、断线等问题。

2）打开机壳盖或电控柜，检查机电设备电控系统内部有无烧焦变色，电器元件有无漏液变形，熔断器的通断情况，断路器、漏电保护有没有保护动作。

3）在没有发现明显损坏的条件下通电检查，观察元器件、各接头有无打火、冒烟、异响等现象，用手触碰晶体管、集成电路等有无迅速发烫现象，如有异常现象需立刻断电，若无上述现象，可利用试电笔测量设备外部供电是否正常，判断是否由于外部供电导致的故障。

（2）万用表测量法　利用万用表测量电路中的电压、电流、电阻阻值来判断故障的方法。

1）电阻测量法。利用欧姆档测量电气系统电路与地之间的阻值，判断是否存在短路、虚焊、接触不良等故障。

注意：不可在通电条件下检测模块、单元或元件的电阻，电阻测量时注意断开连接的其他元件；电容的检测应进行充放电检测，注意表针的极性和档位的选择。

2）电压测量法。检测机电设备的外部交流电和内部直流电压是否正常（幅值大小、三相平衡等）。

注意：选择合适量程、根据表头显示与表针极性确定电压方向，测量电压的零电位点选择（对地还是电极之间），电压表接入应先地线，后高电位，拆除时先高电位，后地线。

3）电流测量法。断开被测元器件的连接导线，串接入万用表测量电流的大小来判断故障部位。

注意：断开的导线应便于恢复，若万用表测量电流不便，可直接使用钳形电流表测量电路电流，检测时应注意电流表的极性，并确保连接可靠。

（3）波形法　当用直观法和万用表等测量法均无法确定故障部位时，可采用波形法来检测故障。波形法是通过示波器观察被检测电路工作在交流状态时各检测点输出波形的幅值、周期、形状等参数判断故障的方法。

波形法从检修电气系统的第一级单元开始，依次向后面的单元推移，观察信号输出波形是否正常。若没有输出信号或信号发生了畸变，则故障发生在此级电控单元中。

注意：选择合适的带宽及幅值灵敏度，输入阻抗对被测电路影响较大时，建议选用10:1的衰减探头进行测量。

（4）替代法　对于可疑的故障单元或模块采用同类型的部件替换，或在机电设备中用同一功能的模块交换接线的方式来查找故障的方法。如果故障消失，说明被替换单元存在故障，可以缩小故障范围，提高故障的检测效率。

（5）标准信号输入法　将标准信号逐级输入可能存在故障的电控单元中，然后用示波器检查电路的输出（信号形状、幅值大小、周期等）参数，来判断各级电路是否正常的检测方法。

2. 低压电气控制系统的检测与维修

考虑到方便性、安全与通用性等因素，机电设备的电气控制系统大多采用380V、220V的电压标准。低压电器是机电设备电气控制系统的基本组成元件，其用途非常广泛，主要起到控制、保护、测量、调节、指示和转换的功能作用。

（1）低压电器的应用

1）低压电器用于传动控制系统，具有工作准确可靠、操作频率高、寿命长、尺寸小的特点，常用的有继电器、接触器、行程开关、主令电器、变阻器、控制器、电磁铁等。

2）低压电器用于低压配电系统及动力装备，具有动作准确、工作可靠、热稳定性和电动稳定性好的特点，常用的有刀开关、熔断器、断路器等。

（2）低压电器故障的检测与维修　低压电器的故障主要包括触点故障、电磁故障、热继电器误动作或不动作故障、接触器故障和熔断器故障等。

1）触点故障的表现为触点过热（通过触点的电流过大以及动、静触点接触电阻变大）、触点磨损（触点间电火花或电弧造成金属氧化、机械磨损）、触点熔焊（负载电流大、操作频率高、弹簧压力减小导致触点间的撞击振动产生短电弧灼伤或熔化触点）等。不同触点故障的维修方法如下：

触点过热时检测系统电压和电流大小，确保机电设备运行时电压与电流的稳定，检查引起超载发生的原因，必要时可通过更换执行器件减小线路中的电流大小或更换更大容量的电器触点解决故障。

接触电阻大时检查触点的接触压力，调整弹簧位置或更换弹簧，用中性清洁剂清洁触点，用刮刀或细锉去除触点氧化层，修平表面划伤，大容量触点要求表面平整，小容量触点要求表面光滑。

注意： 修磨触点时不能刮削太过，以免影响触点的使用寿命，不能使用砂布或砂轮修磨，以免石英颗粒嵌入触点表面，影响触点的接触性能。触点压力是否合适可以用纸条法凭经验判断：用一条比触点略宽的薄纸条（厚度约为 0.01mm）夹在动、静触点之间，使开关处于闭合位置，向外扯动纸条，压力合适的情况下，小容量的触点稍微用力即可拉出，大容量的触点纸条拉出后会出现撕裂现象，此时触点的压力设置合适。

触点磨损到剩余厚度不足原厚度的 1/2 时，必须更换新触点，若触点磨损过快，应查明引发原因，排除故障。触点发生熔焊则需更换触点，或选择容量更大的电器元件。

2）电磁故障的表现为铁心噪声大（衔铁与铁心接触不良、短路环损坏或机械结构受阻等）；线圈故障（线圈电流过大导致过热或烧毁、线圈绝缘受损形成匝间短路或对地短路导致线圈烧毁）；灭弧系统故障（灭弧罩破损、碳化、受潮、磁吹线圈匝间短路等引起不能灭弧或灭弧时间过长等故障）。

常用的电磁机构示例如图 4-15 所示。

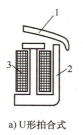  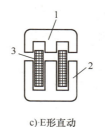

a) U形拍合式　　　　　　b) E形拍合式　　　　　　c) E形直动

图4-15　常用的电磁机构示例

1—衔铁　2—铁心　3—吸引线圈

交流电磁铁的短路环如图4-16所示。

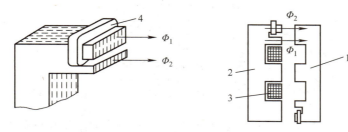

图4-16　交流电磁铁的短路环

1—衔铁　2—铁心　3—吸引线圈　4—短路环

机电设备的铁心噪声大时应检查其电气控制系统中低压电器电磁机构的铁心与衔铁接触面位置是否对正，检查铁心与衔铁之间的气隙尺寸是否合适，用中性清洁剂清洗铁心与衔铁接触面的油污、锈蚀和尘垢。若铁心端面变形或磨损，可用细砂布垫在平板上，修复端面。检查交流电磁铁的短路环有无断裂或脱落，断裂的短路环可以焊接并用树脂固定，若不能焊接则更换短路环或铁心，如果是触点压力过大导致铁心噪声大，则调整或更换触点弹簧。

电气控制系统中低压电器的线圈烧毁应更换新线圈或重新绕制，若短路的匝数较少且短路仅发生在接近线圈端头处时，可以截去损坏的几圈，其余的可继续使用。

受潮的灭弧罩需要烘干，若灭弧罩发生炭化，则可将积垢刮去，若灭弧罩破损明显则应更换新灭弧罩，磁吹线圈短路可以用绝缘工具拨开短路复位，栅片缺损或烧毁的可以用铁皮按照原尺寸配做。

3）热继电器误动作或不动作的故障的表现为热元件烧坏（动作频率过高、负载侧发生短路或电流过大），热继电器误动作（设定值偏小、电动机起动时间过长、操作频率过高、使用场所存在强烈的冲击和振动、连接热继电器导线过细），热继电器不动作（设定值偏大、连接导线太粗、内部脱扣等）等。热继电器结构示例如图4-17所示。

热继电器热元件烧毁故障应检查消除短路故障，重新选择合适容量的热继电器，调整设定值。热继电器误动作故障需要确认热继电器是否满足工作性质要求，调整设定值，并更换合适的导线。热继电器动作后，不可立即手动复位，需等待热继电器双金属片冷却后再复位；复位后仍不工作，则检查热继电器热元件的结构是否有缺损，若有损坏则需更换热继电器，并更换合适的导线。

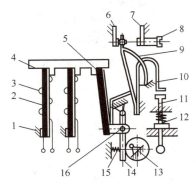

图4-17　热继电器结构示例

1—外壳　2—主双金属片　3—发热元件　4—导板　5—补偿双金属片　6—常闭静触点　7—常开静触点　8—调节螺栓　9—动触点　10—弹簧　11—按钮　12—按钮复合弹簧　13—电流调节凸轮　14—支持件　15—弹簧　16—推杆

4）接触器故障表现为触点断相（螺钉松动、触点接触不良使电动机缺相运行）；触点熔焊（操作频率过高、过载、负载侧短路、触点弹簧力不足等）；相间短路（接触器动作转换时间短、转换过程中发生电弧短路）等。

不同接触器故障的维修方法如下：

接触器触点断相故障时，应检查触点的机械结构是否有松动或损坏，拧紧触点螺钉，若损坏不能修复则更换接触器触点模块或整体更换；检查触点接触力，调整或更换弹簧；若接触器正常则检测接触器送入电压是否正常，并排除前端故障。

接触器发生触点熔焊故障时，应清洁、修整触点；调节更换触点弹簧，若仍然出现熔焊故障，检测接触器负载侧的绝缘电阻，判断是否有短路发生，若有短路情况，应排除故障后继续检查接触器；检测负载的电压和电流等参数，判断接触器是否存在容量和动态参数不匹配的情况，若有则更换更大容量和更高参数的接触器。

接触器发生相间短路故障时可在控制线路中采用接触器、按钮复合联锁控制的方式避免接触器正反转联锁失灵或两台接触器同时动作造成的相间短路。

5）熔断器故障。熔断器串联在机电设备的电控回路中用于进行短路保护或过载保护。常用熔断器结构示例如图4-18所示。熔断器故障的表现为熔断器熔断（熔断器电流等级选择过小、负载侧短路或接地、熔体安装时受到机械损伤），熔体未熔断但电路不通（熔体或接线座接触不良）等。

熔断器发生故障时首先排除负载侧短路故障，更换新的熔断器，若负载侧无短路故障则更换更大容量的熔断器，或紧固熔断器支座的连接结构与接头。

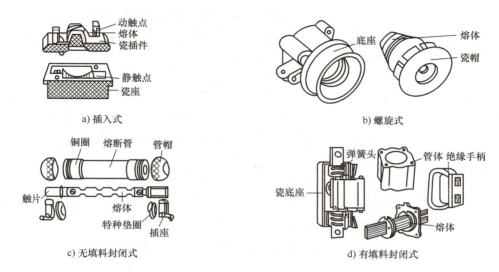

图4-18 常用熔断器结构示例

3. 电气线路的检测与维修

机电设备电气控制系统线路的配线一般采用 1.5～2.5mm²/500V 的单股塑料铜线，不得采用铝芯导线配线。电气控制线路中的弱电回路、电子线路可以采用满足电流要求的细塑料铜线配置，通常正极用棕色、负极用蓝色、接地中线用淡蓝色。机电设备的电气控制系统线路安装时要求接线正确可靠，有规则、横平竖直、排列整齐美观。安装好的线路应进行修整，包括捆扎线束、缠绕管包裹、拧紧螺钉等。

电气控制线路故障的类型包括断路性故障、短路性故障、接地故障。进行维修的常用检测工具包括试电笔、试灯、万用表、兆欧表、寻线仪等。图4-19所示为常见线路故障检修示例。

a) 试电笔检测线路通断　　b) 万用表检测线路通断　　c) 寻线仪检测线路

图4-19 常见线路故障检修示例

（1）常规检修流程

1）故障调查。通过"问、嗅、看、听、摸"了解故障发生前后的详细情况。

2）电路分析。参考电气原理图进行分析，初判故障产生的部位，然后缩小故障的范围，直至找到故障点排除故障。

3）断电检查。检查前先断开机电设备的总电源，先检查电源进线处有无接地和短路等现象、断路器和热继电器是否动作，然后检查电器外部有无损坏，连接导线有无断路、松动、绝缘有无过热或烧焦的现象。

4）通电检查。断开机电设备执行器件的主电路，将相应的转换开关置零位检查，首先检查电源电压是否正常，有无缺相或不平衡现象，遵循从小到大、从易到难的顺序检查，若控制系统无故障，恢复执行元件主电路，在操作者配合下开动设备运行功能进行检查。

（2）常用检修方法

1）通电检查法。主要用于检修断路性故障，按下起动按钮后，接触器不动作，用万用表测量电路两端电压正常，则可断定为断路性故障。检修时合上电源开关送电，配合一些按钮的操作，用试电笔检修法、试灯检修法、电压检修法、短路法等进行检修。

2）断电检查法。既可以检修断路性故障又可检修短路性故障。合上电源开关，操作时发生熔断器熔断、接触器自吸合或吸合后不能释放都表明控制线路中存在短路性故障，对于短路性故障，断电检修可以防止故障范围的扩大。

断电检查法应首先切断机电设备的电源保证整个电路无电，然后用万用表电阻档、试灯等判断故障点。断路性故障确定故障点后，应修复损坏的焊点或虚焊，更换损坏的元件，重新连接断路的导线，紧固各接线排和连接点。

短路性故障确定故障点后，应更换熔断器，更换或修复短路的元件，更换破损的导线，检查线路接头是否牢靠，清除毛刺和多余的线头并用干燥的压缩空气清洁线路、元器件和电控柜，并检查执行元件和导线的对地电阻。控制线路故障的常用检测方法如图4-20所示。

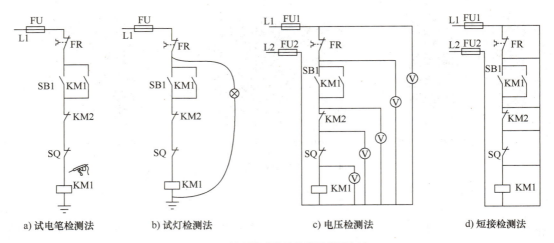

图4-20　控制线路故障的常用检测方法

（3）注意事项

机电设备电气系统的故障不是千篇一律的，有时候同一个故障现象发生的部位也不同，需要理论联系实际灵活处理，不能生搬硬套，找出故障原因后应及时修理，并进行必要的调试。

4. 变频器的检测与维修

变频器（Variable-frequency Drive，VFD）是通过改变电动机工作电源频率方式来控制交流电动机的电力控制设备。变频器靠其内部 IGBT 的通断来调整输出电源的电压和频率，根据电动机的实际需要来提供其所需要的电源电压，进而达到节能、调速的目的。随着工业自动化程度的不断提高，变频器在智能制造业机电设备中得到了非常广泛的应用。ABB 公司的 ACS 510 变频器及其结构示例如图 4-21 所示。

a) ABB变频器ACS 510

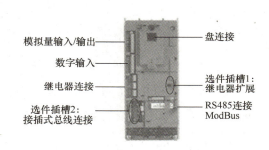
b) 变频器接口结构

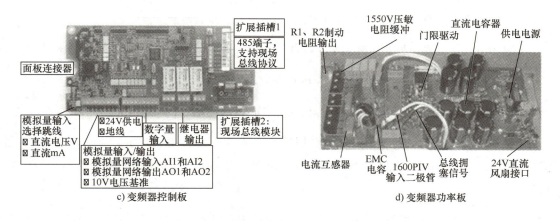
c) 变频器控制板　　　　d) 变频器功率板

图4-21　ACS 510变频器及其结构示例

（1）变频器故障检测基础　变频器包含的主要电路有功率主回路、整流电路、DC 中间回路、逆变回路、控制电源回路、检测保护回路、输入输出回路、主控回路、驱动电路等。变频器的故障类型主要有过电流、过电压、欠电压、过热、过载、短路、通信和接地故障等。

变频器故障检测的内容主要包括检测器具的选择，检测部位与检测方法等。

1）工具及检测器具。常用的有示波器、兆欧表、指针式万用表、钳形电流表、万用表、直流稳压电源、交流恒压源等。

2）检测的注意事项。详细了解该机电设备的外部供电电源、工作环境、负载等情况，故障发生时的细节，变频器显示的故障代码或主机显示的故障信息等；全面清洁、清除设备灰尘，检查冷却风扇和散热器是否运转正常，连接螺钉是否有松动，是否有缺件、烧焦变形的器件等异常情况；关机 5min 以上，待指示灯完全熄灭后再打开机壳检测，必要时用万用表检测元器件上的电压，确认安全后再接触变频器的元器件。

（2）变频器故障检测的部位

1）I/O 端子。进行阻抗、电压与接线检查。

2）R、S、T（L1、L2、L3）电源端子。检查输入电源端子是否有短路、对地绝缘不良以及缺相现象。

3）U、V、W 输出端子。检查输出端子是否有短路、对地绝缘不良以及缺相现象。

4）U、V、W 和 R、S、T 对 P、N 直流端子的正反向电阻检测。分别检查 P、N 之间的制动电阻是否正常。

（3）变频器检测的方法

1）整流电路的检测。检查整流模块的正反向电阻和绝缘电阻。

2）中间电路的检测。检测电容、接触器、制动单元、制动电阻。

3）驱动电路的检测。检测驱动波形（形状、幅值）。

4）逆变模块的检测。检测 IGBT/GTR 的正反向电阻值。

5）I/O 接口的检测。检测 I/O 接口电源、DI/AI 口的电阻值、DO 输出继电器。

6）整机的检测试验。各个单元检测合格后通电试验，用三相自耦调压器逐步升高电压直至正常电压为止，或在直流母线上串联一只 200W 的灯泡起限流保护作用，正常运行后再除去电灯泡。

（4）变频器常见故障原因　变频器损坏的常见原因包括使用环境不良和维护不善、参数设置不当、输入信号错误或接线不当、负载不匹配或系统设计有误、变频器部件隐患等。

1）使用环境不良和维护不善。供电电源容量、电压、电流的平衡度不符合要求，环境温度、湿度超标，通风不良，周边存在腐蚀性水源、气源、粉尘、金属切屑等，长期使用不清理灰尘，不紧固螺钉。

2）参数设置不当。电动机功率、电流、电压值与设定值不符等。

3）输入信号错误或接线不当。输入信号类型不符，未短接端子或接错。

4）负载不匹配或系统设计有误。电动机参数与负载不匹配导致过电流，电动机电缆过长等。

5）变频器部件存在隐患。风扇堵转、老化，功率电容老化、接线端子松动等。

（5）变频器故障的修理　通常变频器的故障表现有电源指示灯亮但显示器不亮、变频器无输出、无法起动电动机、不能调速、无法带动额定负载、无故停车等。

1）变频器无显示故障。可能的原因有外部电源未接通、变频器整流器损坏、电阻损坏、显示器损坏、开关电源损坏、CPU 损坏等。变频器无显示故障的一般检修流程示例如图 4-22 所示。

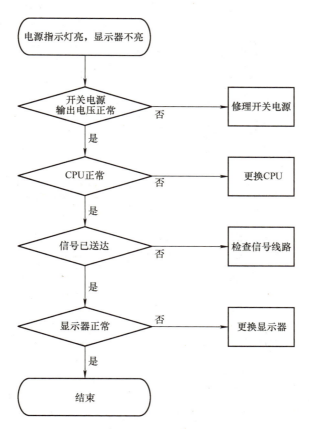

图4-22　变频器无显示故障的一般检修流程

2）变频器无输出故障。可能原因有逆变器模块损坏、驱动电路损坏、变频器起动信号未到、使能、互锁信号错误、停车信号错误等。

3）变频器不能起动电动机。若是运转信号未送达相关控制端子，则需要检查连接线路，如果是起动转矩小、负载惯量大，则需要修改转矩参数，如果变频器运转指令优先权设定有误，则修改对应参数；如果是使能信号未到，则检查参数设置确定使能信号条件满足。

4）变频器能运行但不能调速。可能原因有电位器或电源损坏、调速信号为0或外部信号未送达，存在谐波干扰或者AI端子损坏、操作盘损坏等，若是参数设置不当，则修改正确的参数。

5）变频器无法带动额定负载。可能原因是逆变桥有桥臂损坏，或功率电容老化、容量下降导致转矩下降，负载不稳定波动太大、谐波干扰等。

6）变频器故障的一般检修流程示例如图4-23所示。

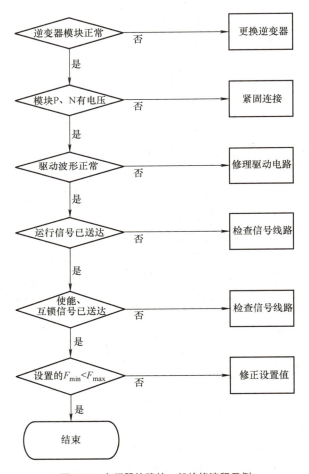

图4-23　变频器故障的一般检修流程示例

5. PLC的检测与维修

可编程逻辑控制器（Programmable Logic Controller，PLC）是种专门为在工业环境下应用而设计的数字运算操作电子系统。它采用一种可编程的存储器，在其内部存储执行逻辑运算、顺序控制、定时、计数和算术运算等操作的指令，通过数字式或模拟式的输入输出来控制各种类型的机电设备或生产过程。PLC 的硬件包括外围线路、电源模块、I/O 模块等，其中外围线路由现场输入信号和现场输出信号以及导线、接线端子和接线盒等组成。

（1）PLC 故障检测的基础　PLC 常见的故障类型有内部元器件的损伤、接线端子接触松动、PLC 功能性故障等。西门子 S7 系列 PLC 及其应用示例如图 4-24 所示。

1）工具与检测器具。常用的有示波器、兆欧表、指针式万用表、钳形电流表、万用表、直流稳压电源等。

2）检测注意事项。PLC 有很强的自诊断能力，当 PLC 自身出现故障或外围设备出现故障时，都可以用编程器和 PLC 上具有的自诊断功能发光二极管的状态来诊断，若 Power 指示灯不亮，则可能是供电电源丢失或熔断器熔断；Run 指示灯不亮，则可能是程序错误、存储卡损坏、CPU 模块故障。

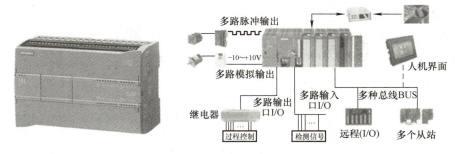

图4-24　西门子S7系列PLC及其应用示例

（2）PLC 的故障原因　PLC 的结构形式与计算机类似，其本质算是一种专用计算机。PLC 的常见故障分为软件故障和硬件故障两类，其中硬件故障占到 80% 以上。PLC 系统在正常生产运行过程中，其程序不会发生变化，PLC 系统的程序错误和模板硬件故障经常发生在 PLC 系统停送电时。因此查找软件故障时只需断开 PLC 的输入、输出等外围工作电源，而 PLC 的主机及远程通信电源不宜断开。

影响 PLC 稳定运行的主要因素是外部输入信号和执行元件，因此除了要保持 PLC 设备安装稳固与清洁、接线端子的清洁与牢固外，可以通过异常现象来分析判定故障发生的原因。

常用的 PLC 故障原因判断方法有：

1）通过 PLC 端口的状态指示灯分析判定 PLC 故障的原因。通道指示发光管变暗，显示外部回路端子或触点出现接触不良现象，重新紧固接头或处理触点。当几组通道的指示灯都变暗，说明公共电源电压下降，需要检查或者更换电源模块。

2)通过记录正常状态来分析比对 PLC 故障的原因。重启 PLC 时可通过核对 PLC 正常运行状态下各输入端子、输出端子发光管的状态确定故障发生的原因。

3)通过人机界面(HMI)来分析判定 PLC 故障的原因。可根据显示界面的提示检查故障发生的原因。图 4-25 所示为常用的 PLC 故障诊断方法示例。

a)根据PLC状态指示灯诊断故障　　　　　　b)根据PLC人机界面显示诊断故障

图4-25　常用的PLC故障诊断方法示例

(3)PLC 的故障及其维修　PLC 故障分为功能性故障和硬件故障两大类,硬件故障的比重较大。根据统计,控制系统中发生故障的比例为:CPU 及存储器占 5%,I/O 模块占 15%,传感器和开关占 45%,执行装置占 30%,接线等其他方面占 5%。

PLC 硬件部分的常见故障主要有:

1)元器件损伤带来的故障。元器件出现损伤导致 PLC 系统停机或不稳定,应更换同型号、同参数或更优参数的元器件。

2)端子接线或触点松动的故障。由于使用中的振动等原因导致接触不良的故障,应重新紧固接头端子或触点,更换紧固螺钉、压线机构等,如果压线板损坏也可采用焊接的方式。

3)受到干扰产生的故障。PLC 受到干扰会造成控制精度降低、设备误动作等故障。应检查系统线路的屏蔽与接地是否满足要求排除故障。检查电气柜外接地,确保直流和交流的数字信号线和模拟量信号线使用独立的电缆,确保信号线与电源线缆的走线间隔 10cm 以上;检查与数字量信号线走同一电缆槽的模拟输入量是否屏蔽,检查电气柜的进出口屏蔽是否牢固地接地;PLC 机壳与机柜之间是否按照产品安装要求进行屏蔽。

对于外部强磁场的干扰,可以使用隔离变压器、低通滤波器等给 PLC 控制系统供电。

4)PLC 周期性的死机故障。定期清理 PLC 控制器机架和插槽,用干燥的压缩空气对机架和板卡、风扇等进行吹尘,然后用中性清洁剂清洁插槽及控制板插头,最后安装复原。

5)PLC 程序丢失故障。采用从主机接地端子直接接地的方式解决接地不良导致的 PLC 程序丢失问题。

四、机电设备维修的质量标准

（一）维修的质量标准

机电设备完成维修后，质量验收时可参考国内外相关设备通用技术条件和标准进行质量验收，如有特殊的要求，应按照设备的修理工艺、图样或有关技术文件的规定执行，如果没有具体标准和要求，应以该机电设备出厂技术标准作为修理后的技术标准。机电设备修理的质量可从以下几个方面进行评价。

1. 装配质量

机电设备机械结构的安装质量，安装位置的正确性，连接的可靠性，滑动配合的平稳性，外观质量，电气线路和功能元器件的连接质量，线路的绝缘和屏蔽质量等。

2. 精度检验

机电设备的精度分为几何精度、定位精度和工作精度，其中机械结构的几何精度是综合反映机电设备的关键机械结构完成拆装后的形状误差、位置误差和位移误差的指标，包括自身精度和机械结构间的相互位置误差。几何精度包括旋转轴回转精度、导轨直线度、平行度、工作台面的平面度、两机件之间的同轴度、垂直度等指标。定位精度反映了机电设备运动结构的实际位置与标准位置（理论位置、理想位置）之间的差距。工作精度受机电设备几何精度和定位精度的共同影响，同时还包括环境、工艺等带来的误差。

3. 空载运转

检验机电设备依照空运转试验的程序、方法、检验内容应达到的技术要求。

4. 负荷运转

检验设备依照负荷试验的程序、方法、检验内容应达到的技术要求。

（二）维修的质量检验

1. 装配质量的检验

（1）机械结构装配质量的检验　检验内容包括机电设备各机械结构安装位置的准确性；各种变速和变向机械结构的位置、动作与设备功能的符合性；高速运动机械结构的安全性和稳定性；润滑、气动通路的畅通和密封性，电气单元与线路连接的正确性与可靠性，线路间的绝缘性、系统接地与屏蔽情况等。

（2）总装配质量的检验 机电设备总装配过程也是调整与检验的过程。包括设备的水平调整、机械结构配合面的检验、传动结构的检验、电气单元和线路的绝缘性、接地情况检查等。

2. 维修几何精度的检验

（1）旋转轴回转精度的检验 旋转轴回转精度是指机电设备中的旋转轴在回转时实际回转轴线相对于自身理想回转轴线的符合程度，表征旋转轴轴线空间位置的稳定性，二者之间呈现出的变动量就是旋转轴回转误差。变动量越小，旋转轴回转精度越高，反之，旋转轴回转精度越低。旋转轴回转误差受轴向窜动、径向跳动、角度摆动三者的综合影响，较为复杂，测量与分析时应综合考虑各因素的影响。

1）检具。锥柄检验棒、百分表等。

2）方法。以旋转轴上某一回转表面作为基准面，旋转的基准面与固定的检具发生相互的移动（轴向/径向），位移的最大代数差就是旋转轴回转误差，旋转轴回转精度的静态检验方法示例如图4-26所示。

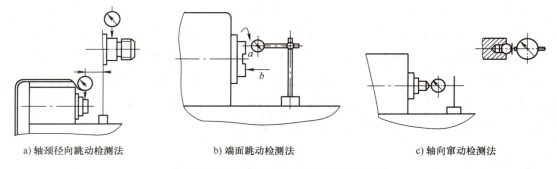

a) 轴颈径向跳动检测法 b) 端面跳动检测法 c) 轴向窜动检测法

图4-26 旋转轴回转精度的静态检验方法示例

（2）导轨直线度的检验 导轨在机电设备中起到支承和导向作用，导轨的几何精度与各坐标轴运行方向的准确性相关，导轨的直线度直接影响机电设备运行的精度和稳定性。

1）检具。平尺、百分表、检验棒、水平仪、自准直仪等。

2）方法。以机电设备中的导轨支承滑台为基准面，固定在移动基准面上的检具与导轨间发生相互的移动（水平面/垂直面），误差的最大代数差就是导轨的直线度误差，图4-27所示为导轨水平面直线度检验示例。

（3）机械结构平行度的检验方法 平行度指机械结构两平面或者结构中两直线平行的程度，是限制实际要素对基准在平行方向上变动量的一项指标，机械结构间的平行度误差对机电设备的工作精度影响很大。

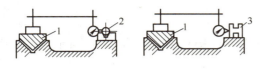 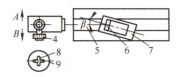

a) 检验棒和平尺测量法　　　　　　　　b) 自准直仪法

图4-27　导轨水平面直线度检验示例

1、7—桥板　2—检验棒　3—平尺　4—读数鼓筒　5—被测导轨　6—反射镜　8—十字线像　9—活动分划板刻线

1）检具。水平仪、百分表、验棒等。

2）方法。在给定方向的测量长度上用检具相对基准移动，测量出平行度误差，图4-28所示为平行度检测方法示例。

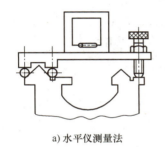 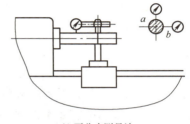

a) 水平仪测量法　　　　　　　　　　b) 百分表测量法

图4-28　平行度检测方法示例

（4）机械结构平面度的检验方法　平面度是指机械机构平面具有的宏观凹凸高度相对理想平面的偏差，平面度误差是指被测实际表面相对其理想表面的变动量。平面度属于几何误差中的形状误差，平面度不带基准，平面度会影响机电设备的装配精度和整机间隙。

1）检具。塞尺、百分表、合像水平仪、自准直仪、经纬仪等。

2）方法。测量机械结构平面在各个方向上（纵、横、对角、辐射）的直线度误差最大的一个作为机械结构平面的平面度误差，图4-29所示为常用平面度检验方法示例。

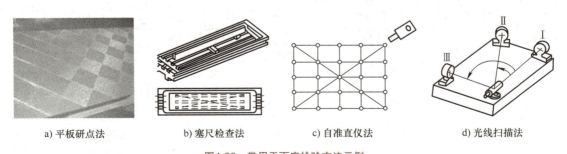

a) 平板研点法　　　b) 塞尺检查法　　　c) 自准直仪法　　　d) 光线扫描法

图4-29　常用平面度检验方法示例

（5）机械结构同轴度的检验方法　同轴度是表示机电设备机械结构上被测轴线相对于基准轴线保持在同一直线上的状况，也就是共轴程度，同轴度测量的一定是回转机械结构。

1)检具。百分表、锥套塞等。

2)方法。通过检具在基准上的移动检验两机械结构的同轴度,图4-30所示为同轴度的检测方法示例。

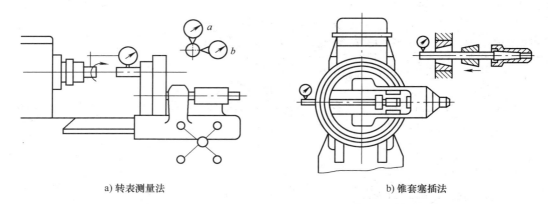

a) 转表测量法　　　　　　　　　　b) 锥套塞插法

图4-30　同轴度的检测方法示例

(6)垂直度的检验方法　垂直度评价机械机构上的直线之间、平面之间或直线与平面之间的垂直状态。垂直度影响机电设备的安装精度和稳定性。

1)检具。方尺、直角尺、百分表、框式水平仪以及光学仪器等。

2)方法。通过检具在基准上(或检具)的移动检验两机械结构的垂直度,图4-31所示为垂直度的检测方法示例。

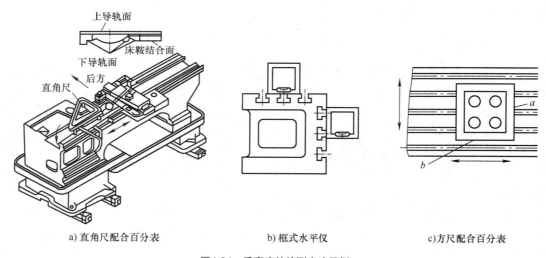

a) 直角尺配合百分表　　　b) 框式水平仪　　　c) 方尺配合百分表

图4-31　垂直度的检测方法示例

3. 维修绝缘性的检验

机电设备电气系统在维修或验收交接前,都应对其绝缘性进行检测,以验证是否存在设备损坏、电缆损伤的情况,并检查设备电气器件之间的间距是否合适、牢固性以及元器件是否有足够的绝缘强度。

(1) 绝缘电阻的测量　加直流电压于电介质,经过一定时间极化后,流过电介质的泄漏电流对应的电阻称为电介质的绝缘电阻;绝缘电阻是机电设备电气系统和电气线路最基本的绝缘指标,测量机电设备电气系统的绝缘电阻是检查其绝缘状态最简便的辅助方法。

常温下电动机、配电设备和配电线路的绝缘电阻不应低于 0.5MΩ(对于运行中的设备和线路,绝缘电阻不应低于 1MΩ/kV)。低压电器及其连接电缆和二次回路的绝缘电阻一般不应低于 1MΩ,在比较潮湿的环境中绝缘电阻不应低于 0.5MΩ,二次回路小母线的绝缘电阻不应低于 10MΩ,Ⅰ类手持电动工具的绝缘电阻不应低于 2MΩ。

1) 测试仪器。普通的测量用高阻计、兆欧表等仪器。由于在工作时仪器自身产生高电压,而测量对象又是机电设备的电气系统,所以必须正确使用,否则就会造成人身或设备事故。

指针式兆欧表是用来测量被测设备的绝缘电阻和高值电阻的仪表,它由一个手摇发电动机、表头和三个接线柱(即 L:线路端、E:接地端、G:屏蔽端)组成。图 4-32 所示为兆欧表测量绝缘电阻示例。

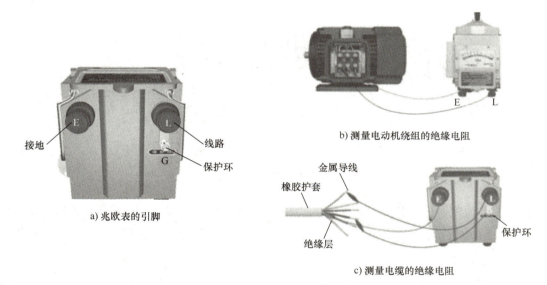

图4-32　兆欧表测量绝缘电阻示例

2) 兆欧表使用的注意事项。测量前必须将待测机电设备的电源切断,并对地短路放电,决不允许设备带电进行测量,以保证操作者和设备的安全。对可能感应出高压电的机电设备,必须消除这种可能性后才能进行测量。被测物表面要清洁,减少接触电阻,确保测量结果的正确性。

在测量时兆欧表应放在平稳、牢固的地方,且远离大的外电流导体和外磁场,还要注意正确接线,否则将引起不必要的误差甚至错误。测量前要检查兆欧表是否处于正常工作状态,主要检查表的"0"和"∞"两点,摇动手柄使兆欧表内电动机达到额定转速,兆欧表在短路时应指在"0"位置,开路时应指在"∞"位置。一定要注意"L"和"E"端不能接反,正确的接法是"L"端线钮接被测设备中的导体,"E"端线钮接机电设备外壳,"G"屏蔽端是为防止由于被测绝缘表面的泄漏电流而造成测量误差而设置的,其线钮接被测机电设备上与被测导体的绝缘部分。

(2)漏电流测量 当机电设备的绝缘性能受损,或设备电气系统存在故障时,电流就会直接流入大地并形成回路,这种现象称为漏电流。过大的漏电流会给操作者带来严重的伤害,漏电流的大小是衡量机电设备绝缘性好坏的重要标志之一。

1)测量漏电流可用电流钳或漏电流测试仪。漏电流测试仪的原理和测量绝缘电阻的原理本质上是相同的,而且能检出缺陷的性质也大致相同。漏电流测试仪器主要由阻抗变换、量程变化、交直流变换、放大和指示装置构成,图4-33所示为电流钳与漏电流测量仪示例。

2)注意事项。用漏电流测量仪进行泄漏电流的测量是带电进行测量的,被测机电设备的外壳是带电的,因此,测试人员必须注意安全,在没有切断电流前不得触碰被测设备。

a) 电流钳

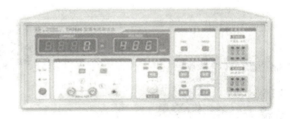
b) 漏电流测量仪

图4-33 电流钳与漏电流测量仪示例

测量时将待测机电设备接入测量端,起动仪器,将试验电压升高至被测机电设备额定工作电压的1.06倍或1.1倍,切换相位转换开关,分别读取二次读数,选取数值大的读数为被测机电设备的泄漏电流值。

(3)接地的测量 接地电阻是用来衡量机电设备接地状态是否良好的一个重要参数,它是电流由接地装置流入大地,再经大地流向另一接地体或向远处扩散所遇到的电阻,包括接地线和接地体本身的电阻、接地体与大地的电阻之间的接触电阻,以及两接地体之间大地的电阻或接地体到无限远处的大地电阻。接地电阻大小直接体现了机电设备接地的良好程度。

1)为了保证机电设备的良好接地,必须利用仪器对接地电阻进行测量。接地电阻的测量方法有电压电流表法、比率计法和电桥法。按具体测量仪器及极数可分为手摇式地阻表法、钳形地阻表法、电压电流表法、三极法和四极法，图4-34所示为接地电阻测量接线示例。

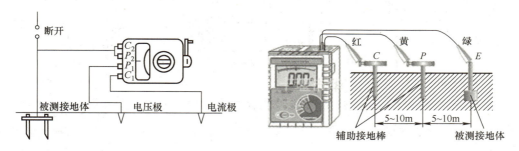

图4-34　接地电阻测量接线示例

2）注意事项。测量保护接地电阻时，一定要断开机电设备与电源的连接，测量接地电阻时最好反复在不同的方向测量3~4次，取其平均值。

（三）机电设备的静平衡与动平衡

1. 概述

机电设备中旋转机械结构的质量必须相对旋转中心平衡才能平稳地转动。当转动结构质量不平衡时，不平衡的质量会产生离心力和力偶，其方向周期性地变化，如果不做平衡处理，将引起机电设备工作时的剧烈振动，使机械机构的寿命和设备的工作精度大幅降低。转动机械结构质量的不平衡是引起机电设备振动的主要原因之一。

（1）机电设备中的转子　主要包括带轮、齿轮、飞轮、砂轮（主要为轮盘类结构）、曲轴、叶轮等旋转结构。

（2）产生转子质量不平衡的原因　旋转机械结构加工制造有误差（圆度误差、圆柱度误差），旋转机械结构的材料质量不均匀（内部组织密度不均，如铸造气孔、夹渣等），旋转机械结构的安装有偏差（造成轴线不重合），旋转机械结构上的元件移动（电动机转子绕组移动）等原因造成旋转机械结构重心与其旋转中心发生偏移。

（3）转子由于偏重而产生的不平衡　不平衡主要有两种，即静不平衡和动不平衡。

1）静不平衡。转子在径向位置上有偏重时，称为静不平衡。转子不平衡的质量能合成为一个等效点，在旋转时只产生一个离心力。

2）动不平衡。转子在停止状态下是平衡的，也就是转子不平衡的质量能合成为两个大小相等、方向相反，不在同一轴向剖面上的点。这种动不平衡的转动机械结构，在旋转时就会出现一个不平衡力偶，这个力偶不能在静力状态下确定，只能在转动状态下确定。

3）静动不平衡。大多数情况下，机械结构中既有静不平衡，又有动不平衡，称为静动不平衡，图4-35所示为转动机械结构不平衡类型示例。

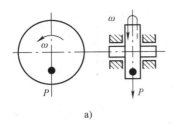 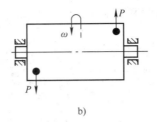 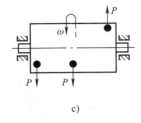

a)   b)   c)

图4-35 转动机械结构不平衡类型示例

4）找平衡。对旋转机械结构找平衡，就是对其做消除不平衡的工作，即精确地测出不平衡质量所在的方位和大小，然后设法用质量来配平。

通常，凡是需要找动平衡的转动机械结构，最好预先找好静平衡。反之，凡是已经找好动平衡的转动机械结构，就不需要再找静平衡了，因为动平衡的精度比静平衡高。

2. 静平衡

在静止的状态下测出转动机械结构不平衡质量所在方位和大小称为静平衡，目的是消除旋转机械结构在径向位置上的偏重。

（1）静平衡原理　根据偏重总是停留在铅垂方向的最低位置的原理，在棱形、圆柱形、滚轮等平衡架上测定偏重的方向和大小。图4-36所示为静平衡装置示例。

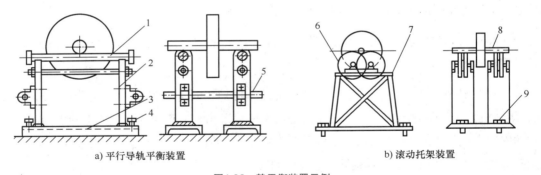

a) 平行导轨平衡装置   b) 滚动托架装置

图4-36 静平衡装置示例

1—导轨　2、7—支架　3—底座　4、9—调节螺钉　5—连接杆　6—圆盘　8—转子

（2）平衡步骤

1）将旋转机械结构放在水平的静平衡装置上来回滚动几次，使其转动轴的表面能与平衡架的滚道相吻合。

2）将旋转机械结构缓慢转动，待静止后在旋转机械结构的正下方做一记号。

3）重复转动旋转机械结构若干次，如记号始终处于最下方，就说明旋转机械结构有偏重，其方向指向记号位置。

4）确定配重圆，配置平衡块。

5）调整平衡块位置，使平衡力矩等于重心偏移而形成的力矩。配好平衡块质量后，转子不向任何一个方向滚动，此时的平衡块质量即为配重。

6）将转子分别转动 60°、120°、180°、240°、360°，确定旋转机械结构在这些位置上都能处于相同的平衡状态，则完成了静平衡，静平衡过程示例如图 4-37 所示。

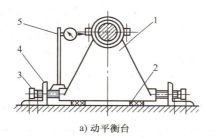

图4-37　静平衡过程示例

3. 动平衡

在转动状态下测定机械结构不平衡质量所在的方位，并确定平衡质量应加的位置及大小称为动平衡。动平衡适用于各种圆柱状和圆锥状旋转机械结构的找平衡。

（1）动平衡装置　进行动平衡的装置有动平衡台和动平衡试验机两类，如图 4-38 所示。

a) 动平衡台

b) 动平衡试验机

图4-38　动平衡装置示例

1—转子轴承座　2—橡皮　3—固定螺钉　4—固定螺钉支架　5—千分表

（2）动平衡的基本方法　找动平衡的方法有试重周转法、标线法和利用动平衡机找动平衡等方法，动平衡机找平衡试验法示例如图 4-39 所示。

a) 轮胎动平衡

b) 汽轮机转子动平衡

图4-39　使用动平衡机找平衡试验法示例

1）试重周转法。试重周转法用以确定不平衡质量所在的方位及平衡质量应加的位置，

图 4-40 所示为试重周转法示例。左端的初振幅最大,在转动机械结构的左端面上确定放置配重块的圆,并把该圆分成 8 等分,标出顺序号。

将配重块固定在分点 1 上,开始转动机械结构使其达到工作速度。将左端的轴承放松,允许它在水平方向振动;右端的轴承固定不允许振动,用振动计测量左侧轴承的振幅,将配重块依次固定在其余 7 个点上,分别测量相应的轴承振动的振幅。

将所测得的 8 个振幅值绘制在同一坐标内,用曲线连接各点,曲线最高点即为振幅最大的点,曲线最小的点为最小振幅点。

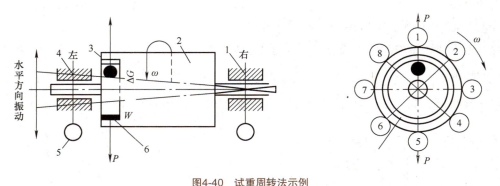

图4-40　试重周转法示例
1—固定轴承　2—转子　3—不平衡质量　4—振动轴承　5—振动计　6—试验铁块

平衡质量的大小用试测法确定。首先将不同重量的配重块放置于最小振幅处,并一次次地测量振幅,比较配重块加上后振幅的变化,选择振幅最小的配重块的质量为平衡质量。

转动机械结构左端平衡后,将左端的平衡质量固定好,固定左端的轴承。然后开动机器转动机械结构使其达到工作速度。放开右端轴承,用类似的方法求出右端振幅最小时配重块的质量。

注意:如果右端直接加上配重块的质量,当松开左端轴承时,就会破坏左端的平衡。因此,在右端加上配重块的质量时,还必须给左端附加一个新的平衡质量,才能获得完全平衡。

2)不同方法的特点。静平衡精度不高,平衡时间长;动平衡试验机虽能较好地对转子本身进行平衡,但是当转子尺寸相差较大时,往往需要不同规格尺寸的动平衡机。

任务五 典型机械结构的拆卸与装配

一、任务介绍

(一)学习目标

最终目标:了解典型机械结构的拆装、机械结构拆装精度与质量检验方法;掌握固定连接结构的拆装;联轴器的拆装、轴承的拆装以及齿轮、密封件等的拆装方法与技术要点。

促成目标:掌握机电设备典型机械结构拆装与检验的常用技能和方法,掌握常用拆装工具与检具的使用方法和操作规范;具备根据设备机械结构类型、技术特点合理选择并使用拆装工具与检具的能力。

(二)任务描述

1)了解典型机械结构拆装的基础知识。

2)了解机械结构拆装精度与质量检验方法。

3)了解并掌握固定连接结构的拆装方法与工具使用。

4)了解并掌握联轴器的拆装方法与工具使用。

5)了解并掌握轴承的拆装方法与工具使用。

6)了解并掌握齿轮的拆装方法与工具使用。

7）了解并掌握密封件的拆装方法与工具使用。

（三）相关知识

1）装配的概念、一般要求与注意事项。

2）装配的精度、尺寸链、密封性问题。

3）机电设备装配与拆卸的工艺过程。

4）机电设备拆卸的一般规则和要求。

5）机械结构装配质量与精度的检验。

6）固定连接机械结构的拆装工艺。

（四）学习开展

机电设备典型机械结构的拆卸与装配（10学时）。

（五）上手操练

任务：完成数控车床主轴箱的拆卸和装配，并检验装配主轴的同轴度、圆跳动。正确拆装圆柱滚子轴承与角接触球轴承，制订拆卸、安装的工序；掌握轴承的压装工艺，齿轮与轴承的拆装工艺；掌握齿轮装配质量的检查方法，齿侧间隙和游隙的调整方法，掌握轴相互位置关系的调整；掌握同步带与带轮、密封件等的安装。图5-1所示为数控车床主轴箱构造示例。

使用工具：内六角扳手、套筒扳手、顶拔器、钢锤、塑料锤（橡胶锤）、冲击套筒、力矩扳手、弹性挡圈钳、一字/十字螺钉旋具、润滑脂、煤油、清洁纱布、水平仪、塞尺、红丹油、铅丝、百分表、磁性表座、游标卡尺、内径千分尺、外径千分尺等。

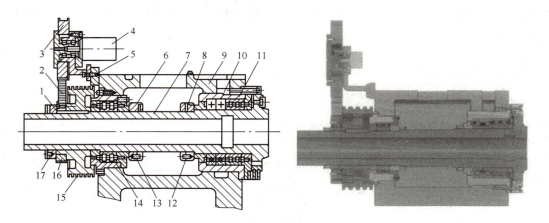

图5-1　数控车床主轴箱构造示例

1、6、8—螺母　2—同步带　3、16—同步带轮　4—脉冲编码器　5、12、13、17—螺钉　7—主轴　9—主轴箱体　10—角接触球轴承　11、14—双列圆柱滚子轴承　15—带轮

二、机电设备机械结构拆装的基础知识

（一）概述

1. 装配的概念

按照规定的技术要求、连接方式和拼合顺序，将若干个单体的机械结构拼合成组件或将若干个单体的机械结构与组件拼合成机电设备的过程称为装配。前者称为组件的装配，后者则称为机电设备的总装配。

机械结构的装配是机电设备安装和修理的重要环节，装配工作的好坏对机电设备的效能、修理的工期、工作的劳力和成本等都具有非常重要的影响作用。

2. 装配的一般要求和注意事项

1）装配人员必须了解所装配机械结构的用途、构造和工作原理，研究和熟悉单体机械结构、组件的作用及它们相互间的连接方式，熟悉装配工艺规程和技术要求。

2）领取和清点所需的全部单体机械结构、组件，准备施工材料、工具和设备，包括起重设施。

3）单体机械结构在装配前，不论是新件还是已经清洗过的旧件都应进一步清洗，并应对所有的单体机械结构按要求进行检查。

4）对所有配合件和不能互换的单体机械结构，应按拆卸、修理或制造时所做的标记，成对或成套装配，不允许混乱。

5）对具有相互运动关系机械结构的摩擦面，应采用运转时所用的润滑油涂抹，油脂盛具必须清洁，带盖防尘。

6）为保证密封性，安装各种衬垫时，允许涂抹全损耗系统用油、密封胶。

7）装定位销时，不准用铁器强迫打入，应在其完全适当的配合下，用手推入约75%长时，轻轻打入。

8）为保证装配质量，对装配间隙、过盈量、灵活性、啮合印痕等要求，应边装边进行调整、校对和技术检验，避免装配后返工。

9）每一个机械结构件装配完成后，必须仔细检查和清理，防止有遗漏或错装，防止将多余的工具、机械结构件存留在设备的箱体中造成事故。

(二)装配中的共性问题

1. 装配精度

装配精度包括配合精度和尺寸链精度。

(1) 配合精度 在机械结构装配过程中,大部分工作是保证单体机械结构之间的正常配合。目前常采用的保证配合精度的装配方法有以下几种:

1) 互换装配法。按照一定公差加工得到的机械结构,在装配时不经修配、选择和调整即可达到装配精度的方法。

2) 修配装配法。在装配时,修去指定机械结构上预留修配量以达到装配精度的方法。

3) 选配法。将尺寸链中组成环的制造公差放大到经济许可的程度,装配时选取合适的机械结构进行装配,以保证封闭环的精度达到装配的要求。

4) 调整装配法。在装配时,用改变设备中可调整机械结构的相对位置或选用合适的调整件以达到装配精度的方法。图5-2所示为机械结构装配中的几种常用的装配精度调整方法示例。

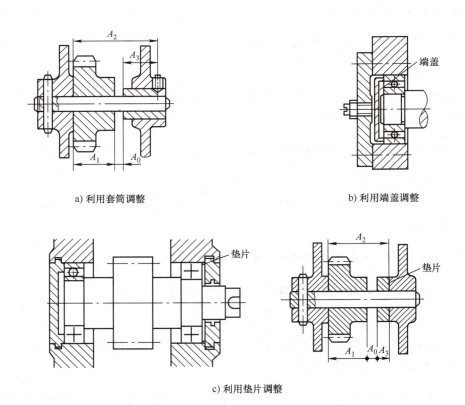

a) 利用套筒调整　　b) 利用端盖调整

c) 利用垫片调整

图5-2　几种常用的装配精度调整方法示例

（2）尺寸链精度　机械结构装配过程中，有时虽然各配合件的配合精度满足了要求，但是累积误差所造成的尺寸链误差可能超出设计范围，影响机电设备的使用性能。装配尺寸链的示例如图 5-3 所示。

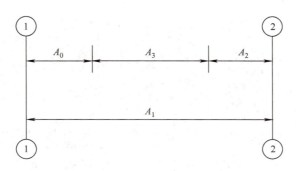

图5-3　装配尺寸链示例

（3）恢复尺寸链精度的方法

1）充分利用原来的调整件，通过调整来达到尺寸链精度。

2）更换原来的调整件，改变其相应尺寸来达到尺寸链精度。

3）原来没有调整件的，可借助在修理过程中添加一个适当的调整件来达到尺寸链精度。

2. 装配过程的密封性

在机电设备的使用过程中，由于密封失效，常常出现"三漏"（漏油、漏水、漏气）现象。这种现象轻则造成能量损失，以致设备降低或丧失工作能力，带来环境污染；重则可能造成严重事故。因此，在机电设备机械结构的装配工作中，对密封性必须给予足够重视。图 5-4 所示为机械结构装配中的密封示例。要恰当地选用密封材料，严格按照正确的工艺过程合理装配，要有合理的装配紧度，并且压紧要均匀。

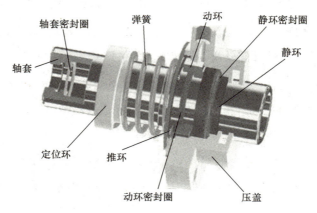

图5-4　机械结构装配中的密封示例

（三）机械结构装配的工艺过程

机械结构装配的工艺过程一般包括机械结构装配前的准备工作、装配、检验和调整等内容。图5-5所示为机械结构装配前的准备工作示例。

图5-5　机械结构装配前的准备工作示例

（1）机械结构装配前的准备工作

1）熟悉机电设备及各机械结构、组件等的装配图和有关技术文件，了解各单体机械结构与组件的结构特点、作用、相互关系、连接方式及有关技术要求。

2）掌握装配工作的各项技术规范；制订合适的装配工艺规程，选择装配方法，确定装配顺序。

3）准备装配时所需的材料、工具、机具和量具。

4）对要装配的机械结构进行检验、清洗、润滑，重要的旋转机械结构还需做静、动平衡试验。装配过程中必须注意机械结构的清理和清洗工作，这对提高装配质量，延长机电设备的使用寿命有着重要的作用，特别是轴承、精密配合机械结构、液压元件、密封件和有特殊要求的机械结构。

5）对有密封性要求的机械结构进行密封性能的试验。对各类阀体、液压缸、泵、气阀等液压元件装配前应进行密封性试验，否则会对机电设备的质量产生很大的影响。

（2）机械结构的清理和清洗　机械结构的清理和清洗关系到装配的质量和产品的使用寿命，对于轴承、精密件、液压元件以及有特殊要求的机械结构尤为重要。

1）机械结构的清理。清除结构上残存的型砂、铁锈、切屑、污垢等。尤其是沟槽和孔等部位，按照机械结构的图号分别进行清点和堆放，装配后必须清除装配时产生的切屑，试车后必须清洗由摩擦产生的金属微粒和污物。

2）机械结构的清洗。单件或小批量的机械结构可放置于清洗槽内手工清洗或冲洗，大批量的产品可放置于清洗机中清洗，可根据具体情况采用气体清洗、喷淋清洗、超声清洗或浸脂清洗等。

3）常用的清洗介质有汽油、煤油、柴油和化学清洗液。

4）注意事项。对机械结构内的橡胶制品，严禁使用汽油清洗，应使用酒精或清洁剂清洗；清洗滚动轴承时不能使用棉纱清洁，以免棉纱头进入轴承内，影响轴承的装配质量；清洗后的机械结构应待清洗液滴干净后再进行装配，以免油污影响装配质量。对有损伤的机械结构可在一次清洗后用油石、刮刀、细砂布等修光后再进行二次清洗。

（3）装配过程及装配后的工作

1）装配的步骤。装配的一般步骤是先将单体机械结构拼装成组件，再将单体机械结构、组件等总装成机电设备。装配应按照从里向外，从上到下的顺序进行，具体实施时以不影响下道工序的原则为准。

2）检验与调整。机电设备装配后需对其进行检验和调整，检查单体机械结构和组件的装配工艺是否正确，装配是否符合设计图样的规定。对检查不符合规定的机械结构要进行调整，以保证设备达到规定的技术要求和使用性能。

3）喷漆、涂油和装箱。喷漆是为了防止不加工面锈蚀并使机电设备的外表面美观，涂油是为了使机械结构表面不生锈，装箱是为了便于运输。

（四）机械结构的拆卸

拆卸工作是机电设备维修中的一个重要环节。需要修理的机电设备必须经过拆卸才能对失效的组件和机械结构进行修复或更换。如果拆卸不当可能造成机械结构的损坏、设备精度降低，甚至导致无法修复。为保证修理质量，在动手拆卸机电设备之前必须周密计划，对可能遇到的问题有所估计，做到有步骤地进行拆卸。

机械结构拆卸的一般规则和要求有：

1）拆卸前必须熟悉机械结构的构造和工作原理。

2）从实际出发，可不拆的尽量不拆，需要拆的一定要拆。

3）使用正确的拆卸方法，确保人身和机电设备安全。

4）对轴孔装配件应坚持拆与装所用的力相同的原则。

5）拆卸应为装配创造条件。

（五）机械结构的检验

（1）检验的目的及意义　机械结构维修过程中的检验工作是制订维修工艺措施的主要依据，它决定机械结构的弃取，决定装配质量，影响维修成本。检验工作的根本任务是保证机械结构的质量，而质量的标准是以合理为原则，应满足如下两个条件：

1）具有可靠的与工作要求相适应的工作性能。

2）具有与其他机械结构相协调的使用寿命。

（2）检验的原则

1）"多快好省"的原则，在保证质量的前提下尽量缩短维修时间，提高利用率，降低成本。

2）严格掌握技术规范、修理规范，正确区分能用、需修、报废的界限。

3）按照检验对象的要求选用检验设备，采用正确的检验方法。

4）努力提高检验水平，提高检验操作技术，从而保证检验质量。

5）尽可能消除或减少误差，建立健全合理的规章制度。

（3）检验的分类

1）修前检验。在机电设备拆卸后进行，对已确定需要修复的机械结构，可根据其损坏的情况及生产条件确定适当的修复工艺并提出修理技术要求。对报废的机械结构，要提出需要补充的备件型号、规格和数量，没有备件的需提出机械结构的工作图或测绘草图，最后制订出"修、换件明细表"。

2）修后检验。检验机械结构加工后或修理后的质量是否达到规定的技术标准，以此来确定修复后的机械结构是成品、废品还是返修品。

3）装配检验。检查待装机械结构（包括修复的和新的）的质量是否合格、能否满足装配的技术要求。

装配过程中，对每道工序或工步进行检验，以免装配过程中产生中间工序不合格，影响装配质量；组装后，检验累积误差是否超过装配的技术要求；总装后进行试运转，检验工作精度、几何精度以及其他性能，以评价修理质量是否合格，同时进行必要的调整工作。

（4）检验的内容

1）机械结构的几何精度。包括尺寸、形状和表面相互位置等精度。

2）机械结构的表面质量。包括表面粗糙度，表面有无擦伤、腐蚀、裂纹、剥落、烧损、拉毛等缺陷。

3）机械结构的力学性能。包括材料的硬度、硬化层深度、应力状态、平衡状况、弹性、刚度、振动等。

4）机械结构隐蔽缺陷的检验。包括内部夹渣、气孔、疏松、空洞、焊缝、微观裂纹等。

(5)检验方法

1)感觉检验法。利用目测、耳听、触觉等感官方法进行检验。

2)测量工具和仪器检验法。使用各种测量工具测量机械结构的几何精度、弹力、转矩、密封性、平衡性、力学性能和金相组织。

3)物理检验法。主要是无损检测法。

三、固定连接的装配

固定连接是机电设备机械结构安装的最基本的装配方法,常见的固定连接包括螺纹连接、键连接、销钉连接、过盈配合连接等。根据拆卸后机械结构是否被破坏又分为可拆卸的固定连接和不可拆卸的固定连接。

(一)螺纹连接的装配

(1)螺纹连接的类型　螺纹连接分为普通螺纹连接和特殊螺纹连接两大类。普通螺纹连接有螺栓连接、双头螺柱连接、螺钉连接、紧定螺钉连接等。还有带螺纹的机械结构构成的特殊螺纹连接。常用的螺纹连接方式示例如图5-6所示。

a)螺栓连接　　　b)双头螺柱连接　　　c)螺钉连接　　　d)紧定螺钉连接

图5-6　常用的螺纹连接方式示例

1)螺栓连接。被连接件的通孔和螺杆之间留有间隙,通孔的加工精度要求低,结构简单、拆装方便,使用时不受连接材料的限制。用于连接件不厚,且能从双侧进行装配的场合。

2）双头螺柱连接。拆卸时只需要旋下螺母，螺柱仍然留在机械结构内的螺纹孔内，用于连接一侧材料较厚，材料较软且需要经常拆卸的场合。

3）螺钉连接。用于连接件较厚或结构受限制不能采用螺栓或双头螺栓连接，且不需要经常装卸或受力较小的场合。

4）紧定螺钉连接。螺钉末端拧入螺纹中顶住另一机械结构的表面或相应的凹坑中，用于固定单体机械结构的相对位置，能够传递不大的力或转矩。

（2）螺纹连接的拆卸工具

1）螺钉旋具。用于拧紧或松开头部带有沟槽的螺钉，工作部分由碳素工具钢制成并经淬火处理，常用的有一字螺钉旋具、十字螺钉旋具和其他螺钉旋具，如图5-7所示。

a）一字螺钉旋具　　　　b）不同头型的螺钉旋具　　　　c）棘轮旋具

图5-7　螺钉旋具示例

2）扳手。用于拆装六角形、正方形螺钉以及各种螺母，包括通用扳手、专用扳手和特种扳手等。图5-8所示为各类扳手示例。

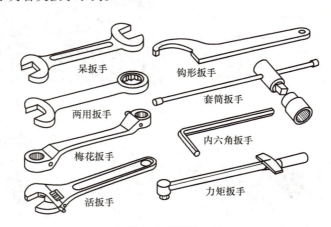

图5-8　各类扳手示例

（3）螺纹连接的技术要求

1）一定的拧紧力矩。螺纹连接装配时应用一定的拧紧力矩，使螺纹牙间产生足够的预紧力。

2）可靠的防松装置。螺纹连接一般具有自锁性，在静载荷或工作温度变化不大的情况下能够保持自锁，但在冲击、振动或交变载荷作用或工作温度变化很大的情况下，螺纹牙间的正压力会突然减小，导致螺纹连接松动，因此螺纹连接应该有可靠的防松装置。

3）达到规定的配合精度。螺纹配合精度由螺纹公差带和旋合长度两个因素确定，分为精密、中等和粗糙三类，螺纹连接应根据工艺要求达到规定的类别。

（4）螺纹连接的装配

1）双头螺柱的装配。双头螺柱的紧固端应采用过渡配合，轴线应与机械结构表面垂直，可用直角尺进行检验，装配双头螺柱时必须使用润滑油，以免产生螺纹牙咬合现象，并便于以后的拆卸。

2）螺栓、螺钉和螺母的装配。各端面应与机械结构表面接触良好，贴合处的表面应经过加工或至少为平整表面；螺栓过孔内应保持清洁，被连接件应相互贴合，受力均匀，连接牢固。

3）成组螺纹连接的装配。应按照一定的顺序逐次拧紧，拧紧方形或圆形布置的成组螺母必须对称进行；拧紧长方形布置的成组螺母时应从中间开始，向两边对称扩展。螺栓组连接装配顺序示例如图5-9所示。

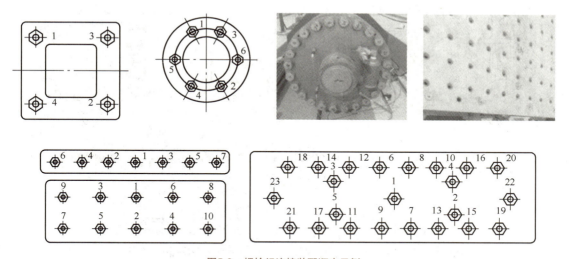

图5-9　螺栓组连接装配顺序示例

（5）螺纹连接的预紧和防松　螺栓通常通过在其头部或螺母上施加扭力来紧固，扭力导致螺栓伸长，产生预张紧力或预载荷确保接头稳固连接。较高的预张紧力有助于保持螺栓紧固，增加接头强度，在机械结构之间产生摩擦以抵抗剪切，并提高螺栓接头的抗疲劳性能。

一般的螺纹连接可以用普通扳手、电动扳手、风动扳手拧紧，有规定预紧力的螺纹连接需要用力矩扳手来实现预紧。工作在振动或有冲击场合的螺纹连接，为了防止螺钉或螺母松动，必须有可靠的防松装置。防松的种类有摩擦防松、机械防松和破坏螺纹副运动关系防松三种。三种防松方式如图 5-10 所示。

1)摩擦防松。通常采用对顶螺母和弹簧垫圈的方式。

2)机械防松。采用开口销与槽型螺母、螺母止动垫圈、串联钢丝的方式。

3)破坏螺纹副运动关系防松。包括冲点、点焊和粘接的方式。

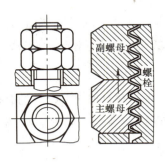

对顶螺母防松

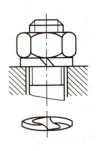

弹簧垫圈防松

a) 摩擦防松

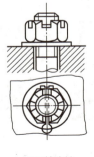

开口销防松

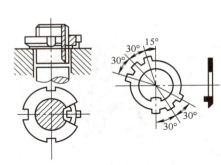

圆螺母止动垫圈

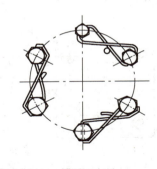

串联钢丝防松

b) 机械防松

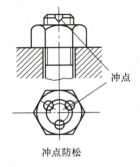

冲点防松

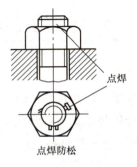

点焊防松

c) 破坏螺纹副运动关系防松

图5-10 不同防松方式示例

（6）螺纹连接件特殊情况的拆卸方法

1）断头螺钉的拆卸。断头螺钉有断头在机械结构表面及以下和断头露在机械结构表面外一部分等情况，根据不同情况，可选用不同的方法进行拆卸。断头螺钉的取出示例如图 5-11 所示。

在断头螺钉高出机座较多，且拧紧力矩不大的情况下可直接使用管钳拧出，若拧紧力矩较大，可在断头上加工出扁头或方头然后用扳手拧出，或在螺钉的断头上加焊一弯杆或螺母拧出（淬火螺钉）；若断头螺钉高出机座一个牙型以上的高度，可在螺钉的断头上用钢锯锯出沟槽，然后用一字螺钉旋具将其拧出。

若断头螺钉露出机座较少，可在螺钉上钻孔旋入合适规格起丝器取出，或打入多角淬火钢杆，将螺钉拧出；或在螺钉中心钻孔，攻反向螺纹拧入反向螺钉旋出；也用电火花在螺钉上加工出方形楔槽或扁形楔槽，再用相应的工具拧出螺钉。

若断头螺钉较粗，且露出部分超过一个牙型高度时，可用扁錾子沿圆周剔出；无法拆出的断头螺钉，可用略小于螺纹小径的钻头钻通孔，用丝锥将残余部分攻去；也可用大于或等于螺钉大径的钻头将螺钉钻出，然后重新在机械结构上攻螺纹。

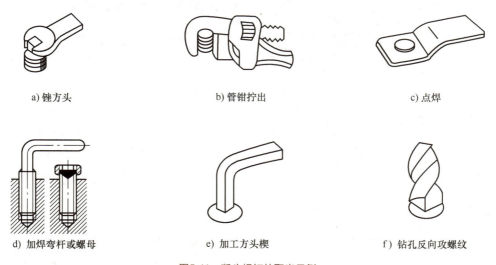

图5-11　断头螺钉的取出示例

2）打滑内六角螺钉的拆卸。内六角螺钉用于固定连接的场合较多，当内六角磨圆后会产生打滑现象而不容易拆卸，这时用一个孔径比螺钉头外径稍小一点的六角螺母，放在内六角螺钉头上将螺母和螺钉焊接成一体，用扳手拧螺母即可将螺钉旋出。

3）锈蚀螺纹的拆卸。用锤子敲击螺纹件的四周以振松锈层然后拧出。可先向拧紧方向稍拧动一点再向反方向拧，如此反复拧紧和拧松，逐步拧出为止；在螺纹件四周浇些煤油或松动剂浸润一定时间后，先轻轻锤击四周使锈蚀面略微松动后再行拧出；若机械结构允许，还可采用快速加热机械结构的方法使其膨胀,然后迅速拧出螺纹件;也可采用车削、锯割、錾削、气割等方法破坏螺纹件。

4)成组螺纹连接件的拆卸。首先将各螺纹拧松 1~2 圈,然后按照一定的顺序,先四周后中间按对角线方向逐一拆卸,以免力量集中到最后一个螺纹件上,造成难以拆卸或机械结构的变形和损坏。处于难拆部位的螺纹件要先拆卸下来。拆卸悬臂部件的环形螺柱组时要特别注意安全。注意仔细检查在外部不易观察到的螺纹件,只有在确定整个成组螺纹件已经拆卸完成后,方可将连接件分离,以免造成机械结构的损伤。

(二)键连接的装配

键连接是靠键的侧面来传递转矩的,对轴上的机械结构起到周向固定的作用,不承受轴向力,分为普通平键连接、导向平键连接和滑键连接。图 5-12 所示为键和键连接示例。

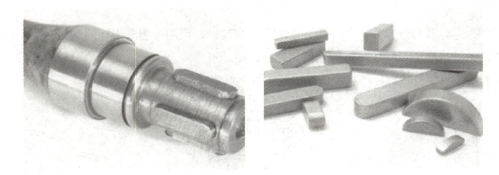

图5-12 键与键连接示例

1. 键连接的技术要求

1)保证键与键槽的配合要求,键是标准件,键和键槽的配合性质是靠改变轴槽、轮毂槽的极限尺寸得到的。

2)键与键槽应具有较小的表面粗糙度值。

3)键装入键槽应与槽底贴紧,键长方向与轴槽方向应有 0.1mm 的间隙,键的顶面与轮毂槽之间有 0.3~0.5mm 的间隙。

2. 键连接的装配要点

1)清理键与键槽上的毛刺。

2)对于重要的键连接,装配前要检查键的直线度、键槽中心线的对称度及平行度。

3)在配合面上加注机油,用铜棒或台虎钳将键压入键槽中,确保键与槽底良好的接触。

4)试配时应用键的头部与轴槽试配,同时键与键槽的非配合面间应留有间隙,以便轴与轮毂件达到同轴度的要求，装配后轮毂在轴上不能周向摆动。

（三）销钉连接的装配

销钉是一种标准件，其形状与尺寸已经标准化和系列化。销钉连接结构简单，拆装方便，在固定连接中应用很广，但只能传递不大的载荷，一般起到定位、连接和安全保护的作用。销钉与销钉连接示例如图5-13所示。

定位销主要用来固定两个或两个以上机械结构间的相对位置，连接销用于连接机械结构，安全销作为安全装置中的过载剪切件。

a) 连接销　　　　　　　　　b) 安全销　　　　　　　　　c) 定位销

图5-13　销钉与销钉连接示例

圆柱销一般依靠少量的过盈量固定在销孔中，用于固定机械结构、传递动力或定位。圆柱销定位时，装配前被连接件的两孔应该同时钻孔、铰孔，并保证孔壁的表面粗糙度值达到 $Ra1.6\mu m$，装配时销钉表面应涂抹机油，用铜棒敲击销钉端面把销钉打入孔中，不能敲打的定位销，也可用C型夹头或手动压力机将销钉压入孔内。圆柱销不宜多次拆卸，以免降低定位精度和连接的紧固程度。

（四）过盈配合机械结构的拆装

1. 概述

（1）过盈配合　过盈配合的装配是将较大尺寸的被包容件（轴件）装入较小尺寸的包容件（孔件）中。过盈配合的应用十分广泛，适用于受冲击载荷机械结构的连接以及较少拆卸机械结构的连接，例如齿轮、联轴器、飞轮、带轮、链轮与轴的连接，轴承与轴承套的连接等。过盈连接示例如图 5-14 所示。

图5-14　过盈连接示例

由于过盈配合要求机械结构的材料应能承受最大过盈所引起的应力，配合的连接强度应在最小过盈时得到保证。为了保证这种连接在装配后能够正常工作，就必须保证装配时过盈量适当。过盈量可采用查表法或计算法确定。

（2）过盈配合的优点

1）采用过盈配合连接非常紧固，其紧固程度远超过键、销等的连接。

2）采用过盈配合连接可使整个组件的结构简化。

3）过盈配合能承受较大的轴向力、转矩及动载荷。

4）过盈连接是一种固定连接，因此装配时要求有正确的相互位置和紧固性，还要求装配时不损伤机械结构的强度和精度，装入简便、迅速。

2. 常温下的压装配合

根据施力方式不同，压装配合分为锤击法（过渡配合）和压入法（过盈配合）两种。装配时如果出现装入力急剧上升或超过预定数值时应停止装配，必须在找出原因并进行处理之后才可继续装配。

（1）压入法　压入法可以使用手扳压力机、螺旋压力机和液压式压力机。手扳压力机一般用于装配尺寸不大的机械结构，所需压力为 10~15kN；机械驱动的螺旋压力机的装配压力在 50kN 以下；气压式压力机的装配压力为 30~150kN；液压式压力机的装配压力为 100~1000kN，用于装配尺寸较大的机械结构。图 5-15 所示为压入法装配与压装机示例。

压入法装配的工艺及注意事项如下：

1）使装配表面保持清洁并涂上润滑油，以减少装入时的阻力和防止装配过程中损伤配合表面。

2）注意均匀加力并注意导正，压入速度不可过急、过猛，否则不但不能顺利装入，还可能损伤配合表面，压入速度一般为 2~4mm/s，不宜超过 10mm/s。

3）机械结构装到预定位置方可结束装配工作。

（2）锤击法　用锤击法压入时，要注意不要打坏机械结构，可采用软垫加以保护，并确保软垫不会被锤击打破碎，以免掉落的碎屑和材料进入装配体内影响设备的装配质量。

a）轴承压装机　　　　　　b）火车轮对压装机　　　　　　c）手扳压力机

图5-15　压入法装配与压装机示例

3.热装配合

若过盈量较大可利用热胀冷缩的原理来装配，即对有孔机械结构进行加热，使其膨胀后再将与之配合的轴件装入包容件中。图 5-16 所示为热装配合示例。

a）分段式重型桥壳轴头热装　　　　　　b）轧辊封头热装加热设备

图5-16　热装配合示例

（1）常用热装方法

1）热浸加热法。将机油置于铁盒内加热，再将机械机构放入油内，常用于尺寸及过盈量较小的连接机械结构。

2）氧-乙炔焰加热法。加热简单但易于过烧，因此要求具有熟练的操作技术，常用于较小机械结构的加热。

3）固体燃料加热法。适用于结构比较简单、要求较低的机械连接件。加热温度不易掌握，机械结构的加热难以均匀。

4）煤气加热法。操作简单且温度易于掌握，只要将煤气烧嘴布置合理，对大型机械结构也可做到加热均匀。

5）电阻加热法。适用于精密设备或易爆易燃的场合。

6）电感应加热法。操作简单、加热均匀，适用于精密设备或易燃易爆的场合，以及特大型机械结构的加热。

（2）测定加热温度　在加热过程中可采用半导体点接触测温计测温。在现场常用油类或有色金属作为测温材料，如机油的闪点是 200～300℃，锡的熔点是 232℃，纯铅的熔点是 327℃，也可以用测温蜡笔及测温纸片测量。

（3）最终检查措施　由于测温材料的局限性，一般很难测准加热温度，故现场还常采用样杆对过盈量进行检测，样杆及其尺寸规格示例如图 5-17 所示。样杆尺寸按实际过盈量的 3 倍制作，当样杆刚能放入孔时则加热温度正合适。

4. 冷装配合

当机械结构上的孔较大而压入的机件较小时，采用加热有孔机械结构既不方便又不经济，甚至无法加热，这时可采用冷装配合，即用低温冷却的方法使被压入的机械结构尺寸缩小，产生装配间隙，然后迅速将其装入到带孔的机械结构中去。图 5-18 所示为冷装配合示例。

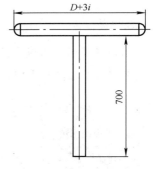

图5-17　样杆及其尺寸规格示例

（1）常用冷却剂及冷却温度

1）固体二氧化碳加酒精或丙酮：-75℃。

2）液氨：-120℃。

3）液氧：-180℃。

4）液氮：-190℃。

（2）冷装配合的特点　冷装配合过程可靠，机械结构不易受损；冷装配合质量高，定心性好，承载能力强，操作简单方便，经济实用。但冷却装配需要特别注意操作安全，以防冻伤操作者。

a) 冷装蛇簧联轴器　　　　　　　　　　b) 冷装发动机

图5-18　冷装配合示例

（五）不可拆机械结构的拆卸

机电设备上的不可拆连接是拆卸结构间不能相互运动，拆卸时要损坏机械结构或被连接机械结构的连接。不可拆卸连接方式包括滚口折边连接、铆钉连接、黏结连接和焊接连接等。图 5-19 所示为不可拆卸连接件的拆卸工具及示例。

1）焊接件。用锯割、扁錾子切割，或用小钻头排钻孔后再锯、錾，也可用角磨机切割或氧-乙炔焰气割、等离子切割等方法进行拆卸。

2）铆接件。用錾子切割掉铆钉头，或锯割掉铆钉头，或气割掉铆钉头，或用钻头钻掉铆钉等方法进行拆卸。

3）粘接件。大多数黏结剂的抗剪强度、抗拉强度、抗弯强度等机械强度都很高，但抗剥离强度却很低，对于较薄的机械结构可以采用割刀、钢锯条等工具沿胶缝剥离的方法进行拆卸，较薄的机械结构可能损坏，但基体的机械结构仍可继续使用。对于刚性粘接材料的粘接也可用加热的方法，当温度超过黏结剂使用温度范围时胶合强度会急剧降低，可用烘箱加热一定时间，再用尖锐的工具将粘合件拆开；也可用适配的溶剂将粘胶泡胀，然后再用尖锐的工具刮除粘胶拆开连接的机械结构。

图5-19　不可拆卸连接件的拆卸工具及示例

四、典型机械结构的装配

（一）联轴器

1. 定义

联轴器是用于连接主动轴和从动轴实现运动和动力传递的一种特殊装置。联轴器分为固定式联轴器和可移式联轴器两大类。图5-20所示为联轴器示例。

图5-20　联轴器示例

2. 类别

固定式联轴器所连接的两根轴的轴线应严格同轴，所以在固定式联轴器安装时必须精确地找正对中，否则将会产生附加载荷引起机电设备产生振动，并将严重影响轴、轴承和轴上其他机械结构的正常工作。可移式联轴器则允许两轴的轴线有一定程度的偏移和偏斜，其安装比固定式联轴器容易得多。

3. 装配方法

联轴器装配的内容主要包括轮毂在轴上的装配，以及联轴器的找正和调整。轮毂与轴的配合大多为过盈配合，装配方法有压入法、热装法和冷装法等。

装配时首先将从动机固定安装好，确保它的轴处于水平位置，然后安装主动机。找正只需要在主动机的支座下面用加减垫片的方法调整找正主动机即可，但调整垫片每组不得超过4片。刚性联轴器的安装主要是精确地找正、对中，保证两轴的同轴度。

4. 联轴器间的相互位置关系

1）轴向位移。两半联轴器的端面互相平行，主动轴和从动轴的轴线同在一条水平直线上，联轴器端面之间存在位移，一般允许的联轴器两端面间隙为2～6mm，如图5-21a所示。

2）径向位移。两半联轴器的端面互相平行，两联轴器轴的轴线不同轴，如图5-21b所示。

3）角位移（倾斜角）α。两半联轴器的端面互相不平行，两轴的轴线相交，其交点正好落在主动轴的半联轴器的中心点上，如图 5-21c 所示。

4）综合位移。两半联轴器的端面互相不平行，两轴的轴线的交点又不落在主动轴半联轴器的中心点上，如图 5-21d 所示。

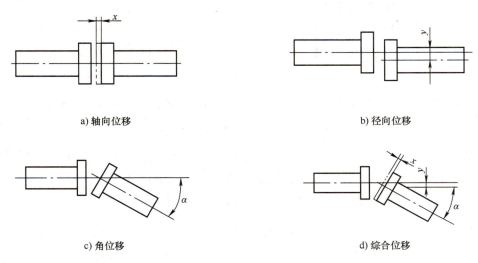

a) 轴向位移　　　　　　　　　　　b) 径向位移

c) 角位移　　　　　　　　　　　d) 综合位移

图5-21　联轴器间的相互位置关系示例

5. 联轴器的找正

联轴器找正是泵、风机等辅助机电设备安装和检修时的一项重要工作。找正的目的是在电动机工作时使主动轴和从动轴两轴的轴线在同一直线上，使两对轮的外圆面同心，两对轮的端面平行。找正的精度关系到机电设备能否正常运转，对高速运转的设备尤其重要。转动设备轴线如果找得不准，必然引起机械结构的超常振动，轴承温度升高、磨损，甚至引起整台设备剧烈振动，某些机械结构瞬间损坏，导致设备发生故障不能正常工作。因此在安装和检修中必须进行转动机电设备轴线找正工作，确保两轴的轴线偏差不超过规定数值，两轴轴线偏差越小，对中越精确，机电设备的运转情况越好，使用寿命越长。

1）找正时的测量方法。利用直角尺及塞尺测量联轴器的径向位移，如图 5-22a 所示；利用平面规及楔形间隙规测量联轴器的角位移，如图 5-22b 所示；以及利用中心卡及千分表测量联轴器的径向间隙和轴向间隙，利用中心卡和塞尺测量联轴器的径向间隙和轴向间隙等。

2）联轴器找正的工具和量具。钢直尺、直角尺、百分表、磁力百分表架、游标卡尺、塞尺、平面规、楔形间隙规、水平仪、大锤、手锤、撬杠、活扳手、敲击呆扳手、计算器、笔记本等。

3）联轴器的初步找正。首先应检查各轴的轴承座、台板各部分的螺栓是否紧固，确保联轴器的测量面打磨干净。在初步找正时两轴不必转动，以直角尺的一边紧靠在联轴器外圆表面上,按上、下、左、右的次序进行检测,直至联轴器的两外圆表面齐平为止。联轴器的两外圆表面齐平,只表示联轴器的外圆轴线同轴,不能说明所连两轴线同轴。

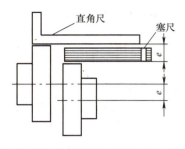 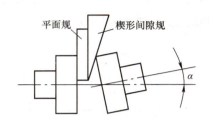

a) 用直角尺及塞尺测量联轴器的径向位移　　b) 用平面规及楔形间隙规测量联轴器的角位移

图5-22　联轴器找正的测量方法示例

4) 无轴向窜动时联轴器的精确找正。测量两对轮的外圆和端面的偏差情况,根据记录图上的读数值分析出两轴空间相对位置情况。按偏差值做适当的调整,使两对轮的中心同心,端面平行。图5-23所示为无轴向窜动时联轴器的精确找正示例。

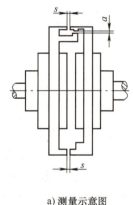 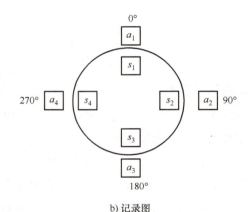

a) 测量示意图　　　　　　　　　　　b) 记录图

c) 联轴器找正

图5-23　无轴向窜动时联轴器的精确找正示例

（二）滑动轴承的装配

滑动轴承装配要求轴颈（轴瓦）和轴承孔之间保证所需的间隙和良好的接触，使轴在轴承中运转平稳。滑动轴承的装配方式取决于轴承的结构形式（常见的有剖分式和整体式），滑动轴承的装配示例如图 5-24 所示。

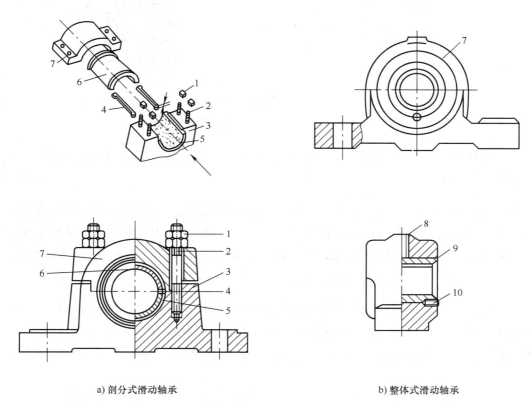

a) 剖分式滑动轴承　　　　　　　　　　b) 整体式滑动轴承

图5-24　滑动轴承的装配示例

1—螺母　2—双头螺柱　3—轴承座　4—下轴瓦　5—垫片　6—上轴瓦　7—轴承盖　8—润滑油孔　9—轴套　10—紧定螺钉

（1）整体式滑动轴承的装配　整体式滑动轴承的装配过程主要包括轴套与轴承孔的清洗、检查、轴套安装等。

1）轴套与轴承孔的清洗检查。将符合要求的轴套和轴承孔去毛刺，轴套与轴承孔用煤油或清洗剂清洗干净后，应检查轴套与轴承孔的表面情况以及配合过盈量是否符合要求。

2）轴套安装。轴套的安装可根据轴套与轴承孔的尺寸以及过盈量的大小选用压入法或温差法。压入法一般是用压力机压装或用人工压装。为了减少摩擦阻力，使装配方便，在轴套表面应涂上一层薄的润滑油。用人工安装时，必须防止轴套损坏，不得用锤头直接敲打轴套，应在轴套上端面垫上软质金属垫，并使用导向轴或导向套。轴套的安装示例如图 5-25 所示。

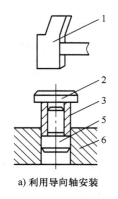
a) 利用导向轴安装

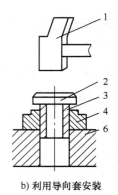
b) 利用导向套安装

图5-25 轴套的安装示例
1—锤子 2—软垫 3—轴套 4—导向套 5—导向轴 6—轴承孔

（2）剖分式滑动轴承的装配 剖分式滑动轴承的装配过程包括清洗、检查、刮研、装配和间隙的调整等步骤。

1）清洗与检查轴瓦。先用煤油、汽油或其他清洗剂将轴瓦清洗干净，然后检查轴瓦有无裂纹、砂眼及孔洞等缺陷。可用小铜锤沿轴瓦表面顺次轻轻地敲打，若发出清脆的叮当声音，则表示轴瓦衬里与底瓦贴合较好，轴瓦质量好；若发出浊音或哑音，则表示轴瓦质量不好，若发现缺陷应采取补焊的方法消除或更换新轴瓦。

2）固定轴承座。轴承座通常用螺栓固定在基座的机械结构上。安装轴承座时，应先把轴瓦装在轴承座上，再按轴瓦中心进行调整。然后用涂色法检查轴颈与轴瓦表面的接触情况，符合要求后，将轴承座牢固地固定在基座的机械结构上。图 5-26 所示为拉线法检测轴承同轴度示例。

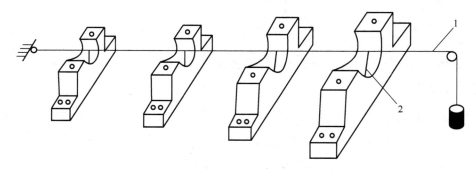

图5-26 拉线法检测轴承同轴度示例
1—钢丝 2—内径千分尺

3）刮研瓦背。轴瓦背与轴承座内孔应良好接触，配合紧密。下轴瓦与轴承座的接触面积不得少于 60%，上轴瓦与轴承盖的接触面积不得少于 50%。装配过程中可用涂色法检查，如达不到上述要求，应使用刮削轴承座与轴承盖的内表面或用细锉锉削瓦背进行修研，直到达到要求为止。轴瓦剖分面应高于轴承座剖分面，以便轴承座拧紧后，轴瓦与轴承座具有过盈配合性质。

4）装配轴瓦。上、下两轴瓦扣合的接触面应严密，轴瓦与轴承座的配合应适当，一般采用较小的过盈配合，过盈量为 0.01～0.5mm。图 5-27 所示为轴瓦装配示例。

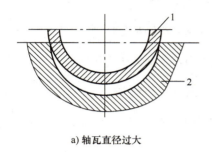

a) 轴瓦直径过大　　　　　　　　b) 轴瓦直径过小

图5-27　轴瓦装配示例
1—轴瓦　2—轴承座

5）注意事项。轴瓦的直径不得过大，否则轴瓦与轴承座间就会出现"加梆"现象。轴瓦的直径也不得过小，否则在设备运转时，轴瓦在轴承座内会产生波动。

(3) 技术要求

1）装配轴瓦时，可在轴瓦的接合面上垫以软垫（木板或铅板），用锤子将它轻轻地打入轴承座或轴承盖内，然后用螺钉或销钉固定。

2）轴瓦与轴颈之间的接触表面所对的圆心角称为接触角，一般接触角应在 60°～90°之间。当载荷大、转速低时，取较大的角；当载荷小、转速高时，取较小的角。在刮研轴瓦时应将大于接触角的轴瓦部分刮去，使其不与轴接触。

3）轴瓦和轴颈之间的接触点与设备的特点有关，低速及间歇运行的设备：1～1.5 点 /cm^2；中等负荷及连续运转的设备：2～3 点 /cm^2；重负荷及高速运行的设备：3～4 点 /cm^2。

4）用涂色法检查轴颈与轴瓦的接触，应注意将轴上的所有机械结构都装上。首先在轴颈上涂一层红铅油，然后使轴在轴瓦内正、反方向各转一周，在轴瓦面较高的地方则会呈现出色斑，用刮刀刮去色斑。刮研时，每刮一遍应改变一次刮研方向，继续刮研数次，使色斑分布均匀，直到接触角和接触点符合要求为止。

（三）滚动轴承的装配

滚动轴承一般由内圈、外圈、滚动体和保持架组成。在装配过程中应根据轴承的类型和配合确定装配方法和装配顺序。装配工艺包括装配前的准备、装配和游隙调整。

（1）装配前的准备　装配工具的准备，机械结构的清洗和检查。对于出厂前已经涂抹了润滑脂的轴承，装配时不需要再清洗，涂有防锈润滑两用油脂的轴承也不需要清洗。

（2）滚动轴承的装配要求

1）装配前需仔细检查轴颈、轴承和轴承座之间的配合公差以及配合表面的表面粗糙度。

2）装配前轴承及其配合表面上应薄涂一层机油，以利于装配。

3）滚动轴承上标有型号的端面应装在可见部位，以方便检修和更换。

4）装配压力只能施加于过盈配合的圈套上，不允许通过滚动体传递压力。

5）油毡、油封等密封装置必须严密，在沟式或迷宫式密封装置内应填入干油。

6）在装配轴承过程中，应严格保持清洁，防止杂物进入轴承内。图5-28所示为滚动轴承装配示例。

图5-28　滚动轴承装配示例

（3）滚动轴承的装配方法　滚动轴承的装配方法应根据轴承的结构、尺寸大小和轴承部件的配合性质（过盈量）来确定。装配方法主要包括锤击法、温差法、压装法和液压套合法等。压力要直接加在待配合的套圈端面上，不能通过滚动体传递压力。图5-29所示为滚动轴承装配方法示例。

 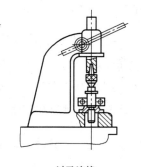

D<100mm，使用工具冷装　　　　D>100mm，推荐使用感应式加热器　　　　过盈连接

a) 锤击法　　　　　　　　　　　b) 温差法　　　　　　　　　　　c) 压装法

图5-29　滚动轴承装配方法示例

（4）滚动轴承的游隙调整　滚动轴承的游隙是指在一个套圈固定的情况下，另一个套圈沿径向或轴向的最大活动量，故游隙又分为径向游隙和轴向游隙两种。

1）径向游隙指一个套圈固定不动，而另一个套圈在垂直于轴承轴线方向，由一个极端位置移动到另一个极端位置的移动量。按照轴承所处的状态，径向游隙可分为原始游隙、配合游隙和工作游隙。原始游隙是轴承安装前自由状态时的游隙。配合游隙是轴承与轴及轴承座安装完毕而尚未工作时的游隙。工作游隙轴承是在工作状态时的游隙，工作时内圈温升最大，热膨胀最大，使轴承游隙减小；同时，由于负荷的作用，滚动体与滚道接触处产生弹性变形，使轴承游隙增大。轴承工作游隙比安装游隙大还是小，取决于这两种因素的综合作用。图5-30所示为温度对轴承游隙的影响示例。

2）轴向游隙指内、外圈之间在轴线方向上产生的最大相对游动量。由于轴承的一些结构特点，在调整游隙时通常是将轴向游隙值作为调整和控制游隙大小的依据。图5-31所示为滚动轴承的游隙示例。

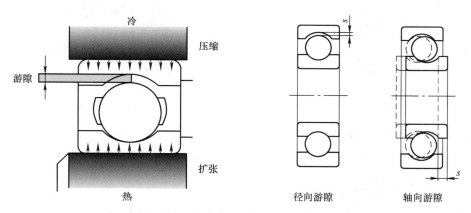

图5-30　温度对轴承游隙的影响示例　　图5-31　滚动轴承的游隙示例

合适的安装游隙有助于滚动轴承的正常工作。游隙过大，设备振动大，滚动轴承噪声大；游隙过小，滚动轴承温度升高，无法正常工作以至滚动体卡死。控制和调整滚动轴承的游隙，可以先使轴承实现预紧，游隙为零，然后采用轴承的内圈和外圈做适当的轴向位移的方法来保证游隙。

（5）滚动轴承预紧的目的与方法

1）在轴的径向及轴向精确定位的同时，抑制轴的跳动，用于机床主轴轴承、测量仪器轴承等。

2）提高轴承的刚度，用于机床主轴轴承、汽车差速器用轴承等。

3）防止轴向振动及共振引起的噪声，用于小型电动机轴承等。

4)抑制滚动体的自旋滑动、公转滑动及自转滑动,用于高速角接触球轴承、推力球轴承等。

5)保持滚动体相对套圈的正确位置。用在水平轴使用的推力球轴承、推力调心滚子轴承等。图 5-32 所示为滚动轴承预紧方式示例。

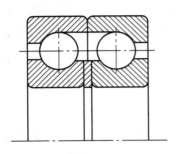

a)利用轴承内、外垫圈厚度差

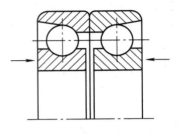

b)磨窄两轴承的内圈或外圈

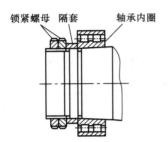

c)调节轴承锥形孔内圈的轴向位置

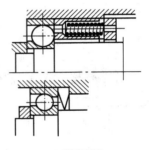

d)弹簧预紧

图5-32 滚动轴承预紧方式示例

(四)齿轮的装配

齿轮是机电设备中应用最广的一种传动装置,用于传递动力和改变速度,常用的齿轮有圆柱齿轮、锥齿轮和蜗杆传动三种。它们的装配方法和步骤基本相同,只是装配质量要求各异。齿轮装置示例如图 5-33 所示。

图5-33 齿轮装置示例

（1）齿轮的装配过程

1）齿轮与轴的装配。齿轮与轴的配合多为过渡配合，在压入前应涂抹润滑油。过盈量不大的齿轮在和轴装配时，可用铜锤或木锤敲装，过盈量较大时可用热装或压装。装配过程中要避免齿轮出现偏心、歪齿和轮端面不贴紧轴肩等情况。图5-34所示为齿轮装配关系示例。

2）齿轮组件装入箱体应对箱体的相关尺寸（轴线平行度、中心距偏差等）和表面进行检查。

3）装配质量检查。齿轮组装入箱体后，应对齿面啮合情况和齿侧间隙进行检查。

图5-34　齿轮装配关系示例

（2）齿轮装配时的注意事项

1）检查齿轮孔与轴配合面的尺寸公差、几何公差和表面粗糙度是否符合图样要求。

2）装配的顺序最好是按与传递运动相反的方向进行，即从最后的被动轴开始装配，以便于尺寸链的调整。

3）保证齿轮的端面与轴线垂直，可用直角尺进行检查。

4）两传动轴间应平行，并精确地保证轴线间距离（中心线）符合规定值。

5）两齿轮的啮合间隙应符合规定（齿侧间隙一般为0.041～0.078mm，齿顶间隙为0.025mm）。

6）当安装一对旧齿轮时，要仍按原来磨损的轴向位置装配，否则将会产生振动并使噪声增大。

7）在安装中严禁猛敲乱打，以免损坏机械结构的表面和使结构变形，造成合格的机械结构变为不合格的。

8）对于转速较高的大齿轮，还应进行静平衡校正，以免转动时产生过大振动。

（3）装配质量检验

1）跳动量检查。对于精度要求较高的齿轮传动机构，装配好后的齿轮轴应检查齿轮齿圈的径向圆跳动和轴向圆跳动。图 5-35 所示为齿轮传动机构装配质量检验示例。

2）中心距偏差检查。可在齿轮轴未装入齿轮箱之前用特制的游标卡尺测量，也可用内径千分尺和检验心轴极性测量。

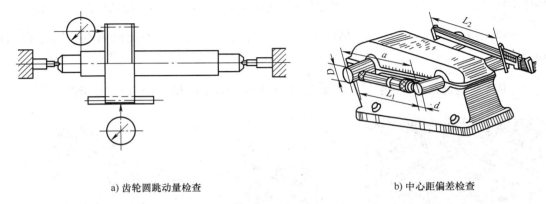

a) 齿轮圆跳动量检查　　　　　　　　b) 中心距偏差检查

图5-35　齿轮传动机构装配质量检验示例

3）齿侧间隙的检查。齿侧间隙的功用是储存润滑油、补偿齿轮尺寸的加工误差，以及补偿齿轮和齿轮箱在工作时的热变形。它是指相互啮合的一对齿轮在非工作面之间沿法线方向的距离。齿轮副的最小法向侧隙可查相关手册。齿侧间隙的检查，可用塞尺、百分表或压铅丝等方法来实现。图 5-36 所示为压铅丝法齿侧间隙检测示例。

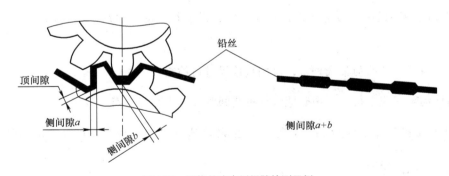

图5-36　压铅丝法齿侧间隙检测示例

4）齿轮接触精度的检验。评定齿轮接触精度的综合指标是接触斑点，即装配好的齿轮副在轻微制动下运转后，齿侧面上分布的接触痕迹。

轮齿工作面的接触是否正确，可用擦光法或涂色法检查。在检查时用小齿轮驱动大齿轮（用涂色法时，将颜色涂在小齿轮上），将大齿轮转动 3～4 转后，则金属的亮度或涂色的色迹（斑点）显示在大齿轮轮齿的工作面上，根据接触斑点可以判定齿轮装配的正确性。图 5-37 所示为根据接触斑点的分布判断啮合情况示例。

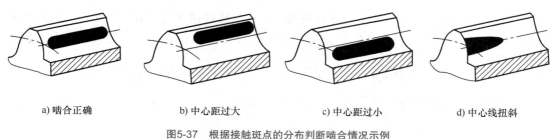

a) 啮合正确　　　　　b) 中心距过大　　　　　c) 中心距过小　　　　　d) 中心线扭斜

图5-37　根据接触斑点的分布判断啮合情况示例

（五）密封装置的装配

密封装置的作用是防止润滑油脂从机电设备接合面的间隙中泄漏出来，并阻止外界的脏物、灰尘和水分的侵入。泄漏造成润滑油脂的浪费并污染环境，影响机电设备的正常运维条件，严重时可造成重大事故。

机电设备的密封主要包括固定连接的密封（箱体结合面、法兰盘等）和活动连接的密封（填料密封、轴头密封等）。图5-38 所示为机电设备密封示例。

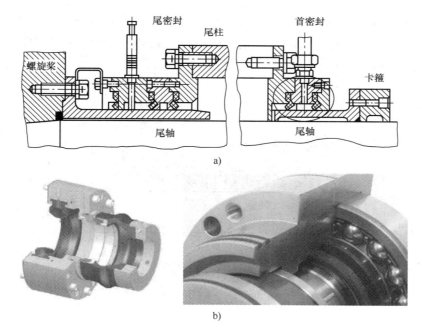

图5-38　机电设备密封示例

（1）固定连接密封

1）密合密封。由于配合的要求，在结合面之间不允许加垫料或密封胶时，常依靠提高结合面的加工精度和降低表面粗糙度值进行密封。结合面除了需要在磨床上精密加工外，还要进行研磨或刮研使其达到密合，其技术要求是有良好的接触精度并做不泄漏试验。在装配时注意不要损伤其配合表面。

2)密封胶密封。结合面处不允许有间隙,可利用机械结构的结合面用密封胶进行密封。其装配工艺如下:

①密封面的处理。涂胶之前,清除干净结合面上的油污、水分、铁锈以及其他污物。

②涂敷。用毛刷涂敷密封胶,要求均匀,厚度合适。

③干燥。涂敷后需经一段时间干燥后方可紧固。

④连接。紧固时施力要均匀。

3)衬垫密封。为了保证法兰连接紧密性,一般要在结合面之间加刚性较小的垫片,如纸垫、橡胶垫、石棉橡胶垫、纯铜垫等。垫片的材料根据密封介质和工作条件选择。在装配时,垫片的材料和厚度必须符合图样要求,不得任意改变。应进行正确的预紧,拆卸后如发现垫片失去了弹性或已破裂,应及时更换。

(2)活动连接密封

1)填料密封的装配。填料密封是通过预紧作用使填料与转动机械结构及固定机械结构之间产生预紧力的动密封装置,常用的填料有石棉织物、碳纤维、橡胶、柔性石墨和工程塑料等。图 5-39 所示为填料密封示例。

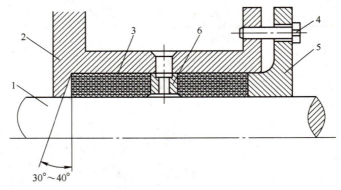

图5-39 填料密封示例

1—主轴 2—壳体 3—软填料 4—螺钉 5—压盖 6—孔环

2)密封圈装配。密封圈是最常用的密封元件,其断面有 O 形和唇形等。图 5-40 所示为密封圈示例。

3)装配注意事项。装配前应检查密封圈质量并在装配部位涂抹润滑油或润滑脂;装配时不得过分拉伸密封圈;拆卸下来的密封圈需剪断回收以免误用;工作压力超过一定值时,应安放挡圈;装配温度过低时,可用热油加热密封圈后装配,但不可超过密封圈的使用温度范围;当轴端有键槽、螺钉孔、台阶等时,为防止密封圈装配时受伤,可采用导向套装置。

图5-40 密封圈示例

（3）油封装配　油封是广泛用于旋转轴上的一种密封装置，按其结构可分为骨架式和无骨架式两类。图5-41所示为油封装配示例。

1）检查油封孔和轴的尺寸、轴的表面粗糙度是否完全符合要求，密封唇部是否有损伤，在唇部和轴上涂以润滑脂。

2）用压入法装配时，要采用专门工具压入，不可偏斜，在油封外圈或壳体孔内涂少量润滑油。

3）当轴端有键槽、螺钉孔、台阶等时，为防止油封后部装配时受伤，可采用导向套装置。

4）油封装配方向应该使介质工作时能把密封唇部紧压在轴上，不可反装。

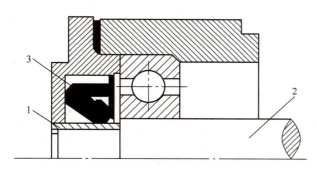

图5-41　油封装配示例

1—导向套　2—轴　3—油封　4—油封体　5—金属骨架　6—压紧弹簧

（4）机械密封的装配　机械密封部件无论从制造精度上还是安装精度上的要求都很严格。如果安装不当就会影响密封的寿命和密封性能，严重时将会使密封迅速失效。机械密封装配的注意事项如下：

1）检查要进行安装的机械密封的型号、规格是否正确无误，部件是否有缺损。

2）动、静环与其相配的元件间，不得发生连续的相对转动，不得有泄漏。

3）必须使动、静环具有一定的浮动性，以便在运转过程中能适应影响动、静环端面接触的各种偏差，而且还要求有足够的弹簧力，这是保证密封性能的重要条件。

4）应使轴的轴向圆跳动、径向圆跳动和压盖与轴的垂直度误差在规定范围内，否则将导致泄漏。

5）在装配过程中应保持清洁，特别是轴类机械结构装置密封的部位不得有锈蚀，动、静环端面及密封圈表面应无任何异物或灰尘。在动、静环端面涂一层清洁的润滑油。

6）在装配过程中，不允许用工具直接敲击密封元件。图5-42所示为机械密封装置示例。

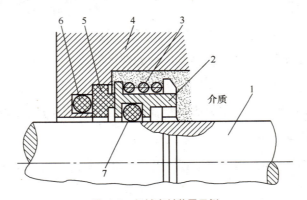

图5-42　机械密封装置示例

1—轴　2—动环　3—弹簧　4—壳体　5—静环　6—静环密封圈　7—环密封圈

任务六

数控机床故障的诊断与维修

一、任务介绍

（一）学习目标

最终目标：灵活运用机电设备故障诊断与维修的基础知识与技能开展数控机床数控系统、电控系统、机械结构以及液压系统的故障诊断与维修工作。

促成目标：掌握典型机电设备故障诊断与维修的常用技能与方法，具备根据典型故障类型和特点合理选择并使用机电设备维修方法、工具与检具的能力。

（二）任务描述

1）了解数控机床数控系统的结构与特点。

2）了解数控机床电控系统的结构与特点。

3）了解数控机床机械系统的结构与特点。

4）了解数控机床液压系统的组成与特点。

5）掌握数控机床故障诊断与维修的常用方法与技能。

（三）相关知识

1）数控机床结构与工作原理。

2）数控系统、伺服系统、液压系统的典型结构与原理。

3）常用换刀机构、刀库结构与工作原理。

（四）学习开展

数控机床典型故障的诊断与维修（6学时）。

（五）上手操练

任务：分小组完成数控车床电动四方刀架的拆装与调试运行操作。

电动四方刀架是以电动机为动力驱动蜗杆副转动，再带动刀具进行换刀的装置，如图6-1所示。由电动机的正、反转带动刀架正反转，从而完成刀架的定位和锁紧；由霍尔元件制成的位置传感器把刀位信号发送给数控系统。每个刀位指令固定，刀位对准磁钢后完成系统定位指令。按照上盖-离合器-上刀体-下刀体-电动机-蜗杆副的顺序完成刀架的拆装，并调试程序完成换刀、定位、锁紧的指令。

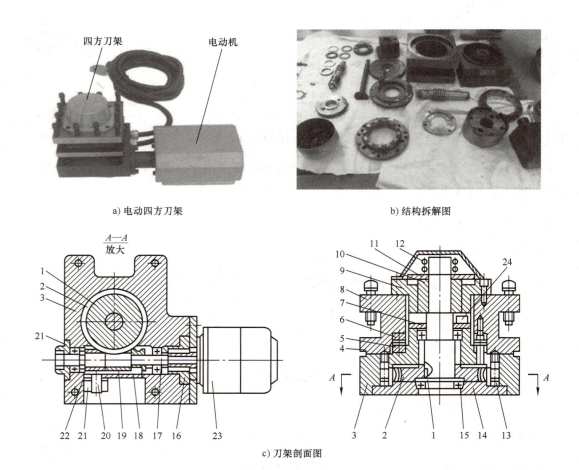

a）电动四方刀架　　　　　　b）结构拆解图

c）刀架剖面图

图6-1　电动四方刀架示例

1、17—轴　2—蜗轮　3—刀座　4—密封圈　5、6—齿盘　7—压盖　8—刀架　9、21—套筒　10、18—轴套　11—垫圈　12—螺母　13—销　14—底盘　15—轴承　16—联轴器　19—蜗杆　20、24—开关　22—弹簧　23—电动机

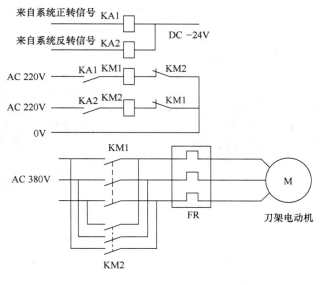

d) 刀架控制电器原理图

图6-1 电动四方刀架示例（续）

二、数控系统故障的诊断与维修

（一）数控机床维修的基本概念

数控机床是智能制造系统中一类典型的机电设备，它综合了计算机、自动控制（PLC）、电气（变频器）、液压、机械及检测等应用技术，具有一般机床所不具备的许多优点。在此以数控机床为载体，介绍数控机床典型故障诊断和维修的一般方法和技术。这些方法和技术在实践中是相互联系综合应用的，完全可以借鉴和迁移到其他类型的机电设备的故障诊断和维修中去。图 6-2 所示为常见数控机床示例。

1. 数控机床利用率的问题

数控机床是一种高效率的自动化机床，大多用来加工重要的零件，不允许加工中途出故障，而且数控机床价格昂贵，对其开动率的要求是很高的，为了充分发挥它的效率，一般采用昼夜运行。为了提高数控系统的利用率，应该合理安排加工工序，充分做好准备工作，尽量减少数控机床的空闲等待时间（如等待刀具、夹具及加工程序等）。因此需要加强对有关人员的技术培训工作。

数控系统的维修包括两个方面的含义：一是日常维护，即预防性维修；二是一旦发生故障，应尽量缩短维修时间，使数控机床尽快排除故障恢复使用。

a) 数控车床　　　　　　　　　　　　　b) 数控磨床

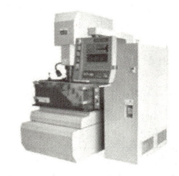

c) 卧式加工中心　　　　　　　　　　　d) 数控特种加工机床

图6-2　常见数控机床示例

严格地说，每台数控机床长时间工作后都会损坏，但是延长元器件的工作寿命和机械结构的磨损周期，防止意外恶性事故的发生，争取机床能长时间工作是日常对机床进行预防性维护保养的宗旨。图 6-3 所示为典型数控系统的硬件连接示例。

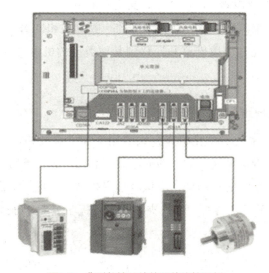

图6-3　典型数控系统的硬件连接示例

任何一台数控机床要想长时间连续、可靠地运行，除了机床自身的质量之外，必然与使用者平时的正确维护保养、及时排除故障和及时修理有关，做好这些工作，是充分发挥设备效能的基本保证，因此，对维修人员的技术要求要高于对操作者的要求。

2. 数控机床故障的分类

1）从过程上分，有突然故障和渐变故障。

2）从性能上分，有完全失效故障和部分失效故障。

3）从使用角度上分，有误用故障和本质故障。

4）从时间上分，有早期故障、偶然故障和耗损故障三个阶段，这三个阶段构成了有名的"浴盆曲线"，即第一阶段和第二阶段（早期阶段和耗损阶段）故障率高，而中间阶段故障率低。

5）从严重性上分，可分为灾难性、致命性、严重和轻度四种程度的故障。

6）从故障性质分，还可分为破坏性故障和非破坏性故障两类。对于非破坏性的故障，由于其危险性小，可以重演，因此排除较易；而对于因伺服系统失控造成机床飞车等破坏性的故障，则只能通过现象来做分析判断，需要注意的是这类故障在修理时具有一定的危险性。

7）从故障与设备的相互关系来分，可分为非关联（即与系统本身无关的原因，例如由于安装、运输等造成）和关联故障两大类。而关联性中又可分为系统性故障和偶然性（也称随机性）故障。

所谓系统性故障，是指一旦满足某种条件，数控系统就必然发生故障，是一种可再现的故障。而随机性故障则不然，即使在完全相同的条件下，故障也只是偶然发生。一般来说，随机性的故障多是由于数控系统控制软件不完善、硬件工作特性曲线漂移、电器元件可靠性下降等原因造成的，这类故障的排除比较困难，需要反复试验才能确诊。

8）从系统诊断方式上分，分为有诊断显示故障和无诊断显示故障两种，现代的数控系统大多都有丰富的自诊断功能，利用这些诊断显示的报警号，对照维修手册能够比较容易地判断故障所在，而对于无诊断显示的故障，故障排除的难度较大，需要进行多方面的调查，综合判断各种现象才能排除。

3. 维修人员和维修器具

（1）维修人员要求

1）具备熟练的操作技巧和快速理解加工程序的能力，能对数控机床加工中出现的各种情况进行综合判断，分析影响加工质量的因素并提出处理对策。

2）具备及时判断小故障所在和排除故障的能力。

3）具备较强的实验能力和动手能力。

4）具备数控（CNC）系统方面的知识，熟悉机床电气控制、机械结构、加工工艺等知识，掌握数控机床的基本操作；具有较强的责任感和良好的职业道德。

（2）维修器具要求

1）交/直流电压表用于测量交/直流电源电压。

2）电流钳用于测量电源各相电流。

3）万用表（指针式和数字式）用于测量（交/直流）电压、电流、电阻和电容、电感等参数。

4）示波器用于测量不同信号幅度随时间变化的波形曲线，以及电压、电流、频率、相位差、调幅度等。

5）相序表用于检测三相电源的相序以及缺相、逆相、三相电压不平衡、过电压、欠电压五种故障现象。

6）逻辑分析仪用于信号时序的判定，可同时对多条数据线上的数据流进行观察和测试。

7）螺钉旋具套装，大、中、小各种规格各一套。

8）化学用品，包括清洁液和润滑油等。

9）完整的资料、手册、线路图及维修说明书（包括数控系统操作说明）、PLC说明书与用户程序清单、伺服驱动系统说明书等。图6-4所示为数控机床维修所用的部分器具示例。

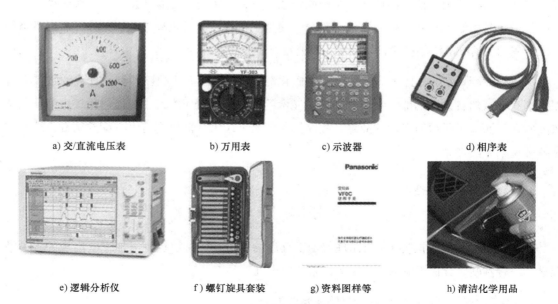

a) 交/直流电压表　　b) 万用表　　c) 示波器　　d) 相序表

e) 逻辑分析仪　　f) 螺钉旋具套装　　g) 资料图样等　　h) 清洁化学用品

图6-4　维修器具示例

4. 数控机床的日常维护

（1）数控柜、机床电气柜的散热通风系统应每天检查　检查电气柜的冷却风扇工作是否正常，风道过滤器是否堵塞。如果工作不正常或过滤器灰尘过多，会引起柜内温度过高导致系统工作可靠性降低，甚至引起过热报警。一般来说，数控柜、机床电气柜的散热通风系统每半年或每三个月应清理一次，具体视车间环境状况而定。数控机床散热通风系统示例如图6-5所示。

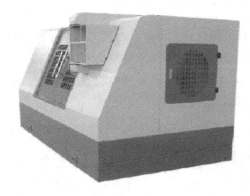 

图6-5　数控机床散热通风系统示例

（2）应尽量少开数控柜和电气柜柜门　加工车间空气中飘浮的灰尘、油雾和金属粉末或腐蚀气体等附着在印制电路板和电子部件上容易造成元器件间绝缘电阻下降从而引发故障，甚至导致元器件及印制电路板的损坏。因此，除非进行必要的调整和维修，否则不允许随便开启柜门，更不允许加工时敞开柜门。另外电加工设备产生的粉末、灰尘较大，如果这些设备与数控机床距离较近，应采取必要的通风吸尘措施，以防其灰尘、粉末到处散落。

（3）定期检查和清扫直流伺服电动机　直流伺服电动机旋转时，电刷会与换向器摩擦而逐渐磨损，而电刷的过度磨损会影响电动机的工作性能，甚至损坏，所以必须按照操作手册的要求定期检查直流伺服电动机的电刷。图6-6所示为直流伺服电动机和电刷示例。

 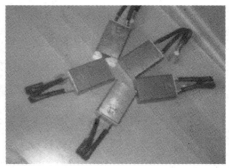

图6-6　直流伺服电动机和电刷示例

（4）应使数控机床有一个良好的工作环境　工作环境不良也是造成数控系统不能正常工作的主要原因之一。供电电压的波动不能太大（按规定数控系统允许电网电压在额定值的 ±10% 范围内波动），并要避免突然停电等瞬间干扰问题，以免造成数控系统元器件损坏，因此需要经常监视电网电压，采用专线供电或增设稳压装置等。

数控机床和热处理用的中频感应炉不能在同一供电线路上，因为中频感应炉将会干扰数控机床的正常运行，因此，这两种设备必须从变电室处分别供电。数控设备应远离振动大的设备，如压力机、锻压设备，以免振动导致电气连接松动或接触不良等问题的产生。

（5）定期更换存储用电池　数控系统内的 RAM 存储器件通常都设有可充电电池维护电路，以保证系统不通电期间保持住其存储器的内容。但在一般情况下，即使电池尚未失效也应每年更换一次存储用电池，以确保系统正常工作。电池的更换应在数控系统供电状态下进行，以防更换时 RAM 内信息丢失。数控系统使用的存储电池示例见图 6-7。

图 6-7　数控系统使用的存储电池示例

（6）备用印制电路板的维护　备用印制电路板长期不用时应定期插到数控系统中通电运行一段时间，以防损坏。

（7）数控系统长期不用时的维护　为提高数控系统的利用率和减少数控系统的故障，数控机床应满负荷使用，不要长期闲置不用。由于某种原因造成数控系统长期闲置不用时，为了避免数控系统损坏，需注意以下两点：

1）要经常给数控系统通电，特别是在环境湿度较大的梅雨季节更应如此。在机床锁住不动（即伺服电动机不转）的情况下让数控系统空运行，利用电器元件本身的发热来驱散数控系统内的潮气，保证电子元器件性能稳定可靠。

2）如果数控机床闲置不动达半年以上，应将电刷从直流电动机中取出，以免由于化学作用使换向器表面腐蚀引起换向性能变坏，甚至损坏整台电动机（针对使用直流伺服电动机的数控机床）。

（8）数控机床的预防性维护　预防性维护的目的是降低故障率，其工作内容主要包括下列几方面：

1）为每台数控机床分配专门的操作人员、工艺人员和维修人员。

2）针对每台机床的具体性能和加工对象制订具体的操作规程，建立对应的工作与维修档案。

3）对每台数控机床建立日常维护保养计划，包括具体的保养内容（如坐标轴传动系统的润滑、磨损情况、主轴润滑等，油、水气路，各项温度控制，平衡系统、冷却系统，传动带的松紧，继电器、接触器触点清洁，各插头、接线端是否松动，电气柜通风状况等），各功能部件和元器件的保养周期（每日、每月、半年或不定期）。

（二）数控系统常见故障的诊断

1. 故障的特点

数控（CNC）系统发生故障是指数控系统丧失了规定功能而不能正常运行的状态。往往是同一现象、同一报警号却可以有多种起因，甚至有时故障的根源在机床本体上，但故障的现象却反映在数控系统上。所以在查找故障的起因时思路要开阔，无论是数控系统、电气控制系统，还是机械结构、液压系统，只要是有可能引起该故障的原因都要尽可能全面地罗列出来，然后进行综合判断和优化选择，确定最有可能的原因，再通过必要的试验达到确诊的目的并有针对性的排除故障。

2. 故障诊断的一般方法

（1）初判　在设备资料齐备的条件下，通过分析资料判断故障所在，或采用接口信号进行判别，根据故障现象判断可能发生故障的部位，然后按照故障特征对此部位的具体点位逐个检查。

（2）报警处理　系统有报警的故障处理，维修人员可根据报警号或报警说明信息查阅设备资料中对应处理办法进行分析，缩小检查范围，有目的地进行某个部分的检查。

1）机床报警和操作信息的处理。可编程控制器（PLC）系统将一些反映机床接口电气控制方面的故障或操作信息以特定的标志通过显示器窗口给出，并且通过一些特定的按键可以看到更详细的报警说明。可以根据厂家提供的设备故障维护手册进行处理，也可利用操作面板或编程器根据电路图与PLC程序，查询出相应的信号状态，按照逻辑关系找出故障所在点位并处理。

2）无报警或无法报警的故障处理。当系统已停机或系统没有报警但工作不正常时，需要根据故障发生前后的系统状态信息综合分析处理。

3. 故障诊断的常规检查方法

1）直观检查法。利用人的感官，观察发生故障时的各种现象。比如有无火花、糊味、亮光和异响产生，以及产生的部位，印制电路板上是否有烧毁、损伤的痕迹等，用手轻摇元器件（电容、半导体器件等）检查有无松动、虚焊现象。

2）数控系统自诊断法。依靠数控（CNC）系统内部计算机快速处理数据的能力，对出错系统进行多路、快速地信号采集和处理，然后由诊断程序进行逻辑分析判断，以确定系统是否存在故障以及对故障进行定位，包括开机自诊断和在线自诊断两种。

3）状态检查法。数控（CNC）系统能以多页"诊断地址"和"诊断数据"的形式提供各种状态的信息。常见的有坐标轴信息、刀具位置信息，与存储器相关的状态信息，与电动机反馈信号有关的状态信息，操作面板工作方式与按键的状态等。

4）报警指示灯显示故障法。通过检查分布在电源单元、伺服单元、控制单元、输入/输出单元等模块上的故障指示灯，可以大致判断出故障出在何处。

5）更换印制电路板法。如用户有备件或有相同的数控系统时可以采用更换印制电路板的方法，从而迅速找出有故障的印制电路板，减少数控系统的停机时间。但在换板时，一定做好原板参数的备份，要注意使印制电路板与原板的状态一致，这包括电位器的位置，各种设定棒的位置等应该完全一致。当更换存储器板时，还需进行初始化，重新设定各种 NC 参数，务必要按照设备说明书的要求进行。

6）核对数控系统参数法。数控（CNC）系统参数能直接影响数控机床的性能。因此，当数控系统的有些故障是由于外界的干扰等因素造成的个别参数变化引起时，可通过核对、修正、重置参数将故障排除。

7）测量比较法。数控系统生产厂在设计印制电路板时，为了调整、维修的便利，在印刷板上设计了多个检测用端子，维修人员可利用这些端子将正常的印刷电路板和出故障的印制电路板进行测试比较（电压和波形），分析故障的原因及故障所在的位置。

8）原理分析法。根据数控（CNC）系统的组成原理，可从逻辑上分析各点的应有特征，并用逻辑分析法进行测量比较，从而实现对故障的定位。

9）离线诊断法。通过专门的设备，采用特殊的诊断方法与步骤，力求把故障的可能范围缩小到最低限度，将故障定位至某块印制电路板或是某部分电路、甚至是某个器件。维修用的专门设备多是供测试用的计算机、改装过的数控（CNC）系统等。由于需要专用设备，而很多用户都不具备，所以这种方法适用于数控（CNC）系统制造厂和系统维修中心。图 6-8 所示为数控系统的故障修复示例。

图6-8 数控系统的故障修复示例

（三）数控系统故障的处理

数控（CNC）系统发生的故障除了少量自诊断显示故障原因外，大部分故障都是以综合故障形式出现的，一般无法快速确定故障原因，所以必须做好充分的调查和检查。数控系统故障的维修不仅是维修者的职责，操作者在其中也扮演着重要的角色，二者缺一不可。

（1）操作者职责　当数控系统发生了故障而操作人员又不能将故障排除或系统复位时，应及时通知维修人员，并保存好现场，同时操作人员应对故障做好详细的记录。记录的内容包括但不限于：

1）故障的种类。数控系统显示的状态内容，CRT的报警号，机械结构动作是否正常，定位误差是否过大，刀具轨迹是否正常，辅助机能是否正常等。

2）故障的出现频率。故障何时发生，本次故障前共发生过几次，周边设备此时的状态，加工同类工件时出故障的概率如何，在加工程序的哪一段出现的故障，故障是否在特定方式下产生等。

3）系统的输入电压情况。故障当时电压是否有波动，设备周边是否有大电流设备正在使用等。

（2）维修者职责

1）操作者问询。与操作者交流沟通，确认故障前后记录内容的真实情况，以及操作者是否有误操作等情况。

2）机床状态检查。系统是否处于急停状态，熔断器是否烧断，机床是否调整到位，加工参数设置是否正确，运转过程中是否有异常的振动，机床的机械结构是否有变形发生，电缆与压力管线是否正常，有无明显的破损泄漏情况。

3）设备周边检查。数控系统温度是否过高，是否有剧烈的温度变化，电控柜内过滤器洁净程度，周围是否有振动源，数控系统是否受到阳光长时间直射。

4）接口情况检查。信号线与动力线是否分开走线，屏蔽线的连接是否正确、牢固，电控柜内插接件的连接是否牢固可靠等。

5）设备外围检查。最近是否修理或调整过机床，最近是否修理或调试过强电柜，最近是否修理过数控系统，附近是否安装了新机床，其他数控设备是否也出现同样故障，使用者是否调整过数控系统参数，数控系统以前是否发生过同样的故障等。

6）运转情况检查。系统是否处于报警状态，机床运转 Ready 状态所需的条件是否都满足，机床运行过程中是否更改过或调整过方式，控制面板上的方式选择开关是否设置正确，速度倍率开关是否设置正确，机床是否处于锁住状态，进给保持按钮是否处于正确状态等。

7）系统程序检查。是否使用的是新编的加工程序，程序是否正确，故障是否发生在某一特定程序段，故障是否发生在子程序中。

8）故障重复性检查。若数控系统故障为非破坏性故障则可重复执行出现故障的程序段，观察故障的重复性，判断重复出现的故障是否与外界因素有关。

9）故障修复。根据故障诊断结果调整、修改系统参数和程序，复位机床中间继电器和各传感器的状态，修复更换破损电缆或压力管路，紧固接口插接件和屏蔽线缆，修理或更换产生故障的元器件，更换库存的驱动元器件或电动机等配件。

注意：如果车间维修人员不能自行排除数控系统的故障，则应将上述记录的故障现象和数控系统的状态通知专业的数控系统维修人员。

三、电气控制系统故障的诊断与维修

（一）概述

数控机床的电气控制系统由数控系统、电气硬件电路部分（强电柜）、接口电路、进给伺服系统、主轴驱动及操作盘（输入装置）构成。数控机床电气控制系统框图示例如图 6-9 所示。

电气控制系统的连接比较复杂，连线很多，故障往往可能不是由于数控系统故障引起，而是由其他电气控制部分造成的。因此，诊断故障主要利用自诊断功能报警号，计算机各主板的信息状态指示灯，各关键测试点的波形、电压值，通过各有关电位器的调整，各短路销的设定，有关机床参数值的设定，专用诊断元件并参考控制系统维修手册、电气图册等加以排除。

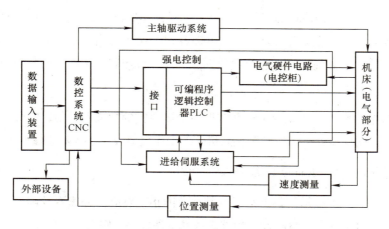

图6-9 数控机床电气控制系统框图示例

（二）电气控制系统常见故障与维修

（1）电池报警故障　当数控机床断电时，为保存好 RAM 中存储的机床参数及加工程序，需依靠后备电池支持。当电池电压低于允许值时，就产生电池故障报警，应及时予以更换，否则机床参数就容易丢失。通常更换符合规格的电池后，电池报警故障就会自动消除或通过重启系统消除。因为换电池容易丢失机床参数，所以应该在机床通电时更换电他，以保证系统能正常工作。

（2）键盘故障　用户在用键盘输入程序时，若发现某些字符不能输入、不能消除，程序不能复位或显示屏不能变换页面等故障，应首先考虑相关的按键是否接触不良，应予以修复或更换。若不见成效或所用按键都不起作用，可进一步检查该部分的接口电路、系统控制软件及电缆连接状况等。

（3）熔丝故障　电气柜内熔丝烧断故障多出现在对数控系统进行测量时的误操作，或由于机床发生撞车等意外事故时。因此，维修人员要熟悉各种熔丝的保护范围，以便发生问题时能及时查出并予以更换。图 6-10 所示为数控系统使用的几类熔断器示例。

  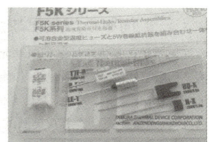

图6-10 数控系统使用的几类熔断器示例

（4）刀位参数的更改　在加工过程中，由于机床的突然断电或因意外操作急停按钮，使机床刀具的实际位置与计算机内存的刀位号不符，如果操作者没有注意，往往会发生撞车或打刀、废件等事故。因此，一旦发现刀位不对，应及时核对控制系统内存中的刀位号与实际刀台位置是否相符。若不符，应参阅用户手册介绍的方法，及时将控制系统内存中的刀位号改成与刀具位置一致。

（5）机床参数的修改　要充分了解并掌握各机床参数的含义及功能，它除了能帮助操作者很好地了解该机床的性能外，还有利于提高机床的工作效率或用于排除故障。

（6）控制系统的"Not Ready（没准备好）"故障

1）应首先检查 CRT 显示面板上是否有其他故障指示灯亮，并查看故障信息的提示，若有问题应按故障信息目录的提示参阅设备的维修技术文件去一一解决。

2）检查伺服系统电源装置是否有熔丝断、断路器跳闸等问题，若合闸或更换了熔丝后，断路器再次跳闸，应检查电源部分是否有问题；检查是否有电动机过热，大功率晶体管组件过电流等故障使计算机监控电路起作用；检查控制系统各电路板是否有故障灯显示。

3）检查控制系统所需各交流电源、直流电源的电压值是否正常。若电压不正常，也可能造成逻辑混乱而产生"Not Ready"故障。图 6-11 所示为电气控制系统连接示例。

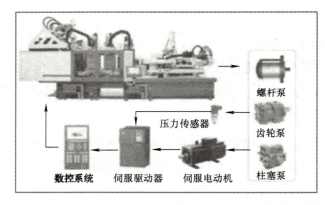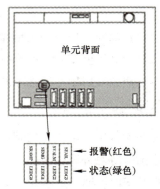

图6-11　电气控制系统连接示例

（三）伺服系统常见故障的诊断与维修

伺服系统包括进给轴的伺服单元和主轴伺服单元两部分。伺服系统故障可能由传动机械结构、伺服驱动器、伺服电动机等单元引起。可利用数控（CNC）系统自诊断的报警号、数控（CNC）系统及伺服放大驱动板的各信息状态指示灯、故障报警指示灯的显示信息，参阅设备维修说明书上的说明，包括关键测试点的波形、电压值，数控（CNC）系统、伺服放大板上有关参数的设定，短路销的设置及相关电位器的调整，功能兼容板或备板的替换等方案等来诊断故障并维修。图 6-12 所示为伺服系统故障检测关键部件示例。

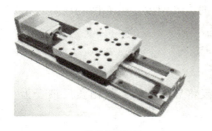  

a) 传动机械结构　　　　　　b) 伺服驱动器　　　　　　c) 伺服电动机

图6-12　伺服系统故障检测关键部件示例

（1）伺服超差　所谓伺服超差，即机床的实际进给值与指令值之差超过限定的允许值。对于此类问题应做如下检查：

1）检查数控（CNC）系统与驱动模块之间，数控（CNC）系统与位置检测传感器之间，驱动模块与伺服电动机之间的连线是否正确、可靠。

2）检查位置检测器的信号及相关的D-A转换电路是否有问题。

3）检查驱动放大器输出电压是否有问题，若有问题应予以修理或更换。

4）检查电动机轴与传动结构之间是否配合良好，是否有松动或存在过大间隙。

5）检查位置环增益和速度环增益是否符合要求，若不符合要求对有关的电位器应予以调整。

（2）机床停止时进给轴振动

1）检查高频脉动信号并观察其波形和振幅，若不符合要求则应调节有关电位器。

2）检查伺服放大器速度环补偿功能，调节补偿用电位计时一般顺时针方向调整则响应快，但稳定性差，易振动；逆时针方向调节则响应慢，但稳定性好。

3）检查位置检测用编码盘的轴、联轴节、齿轮系是否啮合良好，有无松动现象，若有问题应予以修复。

（3）机床运行时声音不好，有摆动现象

1）先检查测速发电动机换向器表面是否光滑、清洁，电刷与换向器之间是否接触良好，若有问题应及时进行清理或修整。

2）检查伺服放大器速度环的功能，若不合适应予以调整。

3）检查伺服放大器位置环的增益，若有问题应调节有关电位器。

4）检查位置检测器与联轴节之间的装配是否有松动。

5）检查由位置检测器来的反馈信号波形及 D-A 转换后的波形幅度，若有问题应进行修理或更换。

（4）飞车现象（失控）

1）位置传感器或速度传感器的信号反相，或电枢线接反将导致整个系统由负反馈变为正反馈，此时会出现飞车现象。

2）速度指令错误。

3）位置传感器或速度传感器的反馈信号没有接入或有接线断开的情况。

4）数控（CNC）系统或伺服控制板故障。

5）电源板有故障而引起的逻辑混乱。

（5）所有的轴均不运动

1）用户的保护性锁紧，如急停按钮、制动装置等没有释放或有关运动的相应开关位置不正确。

2）主电源熔丝断，导致控制系统没有供电。

3）由于过载保护用断路器动作或监控用继电器的触点未接触好，呈常开状态而使伺服放大部分的信号没有送出。

（6）电动机过热

1）进给轴滑板运行时的摩擦力或阻力太大。

2）热保护继电器脱扣，电流值设定错误。

3）励磁电流太低或永磁式电动机失磁，为获得所需力矩也可引起电枢电流增高而使电动机发热。

4）切削条件恶劣，刀具的反作用力太大引起电动机电流增高。

5）运动机构的夹紧、制动装置没有充分释放使驱动电动机过载。

6）由于齿轮传动系损坏或传感器有问题，影响伺服系统而使电动机过热。

7）电动机本身内部匝间短路而引起过热。

8）带风扇冷却的电动机，若风扇损坏，也可使电动机出现过热。

（7）机床定位精度不准

1）进给轴滑板运行时的阻力太大。

2）伺服驱动器位置环的增益或速度环的低频增益太低。

3）机械传动部分有反向间隙。

4）位置环或速度环的零点平衡调整不合理。

5）由于接地、屏蔽不好或电缆布线不合理，而使速度指令信号渗入噪声干扰而偏移。

（8）零件加工表面粗糙

1）首先检查测速发电动机换向器的表面光滑状况以及电刷的磨损状况，若有问题应修整或更换。

2）检查高频脉冲波形的振幅、频率及滤波形状是否符合要求，若不合适应予以调整。

3）检查切削条件是否合理，刀尖是否损坏，若有问题需改变加工状态或更换刀具。

4）检查机械传动部分的反向间隙，若不合适应调整或进行软件上的反向补偿。

5）检查位置检测信号的振幅是否合适并进行必要的调整。

6）检查机床的振动状况，例如机床水平状态是否符合要求，机床的地基是否有振动，主轴旋转时机床是否振动等。

四、机械结构故障的诊断与维修

（一）主轴故障

1. 概述

数控机床主轴部件是影响机床加工精度的主要部件。它的回转精度影响工件的加工精度，它的功率大小与回转速度影响加工效率，它的自动变速、准停和换刀等影响机床的自动化程度。数控机床的主轴部件除了主轴、主轴轴承和传动件等，还有刀具自动夹紧、主轴自动准停和主轴装刀孔吹净等装置。图6-13所示为数控机床主轴结构示例。

2. 主轴故障的分类

主轴部件出现的故障有主轴运转时发出异常声音、自动调速装置故障、主轴快速运转的精度保持性故障等。

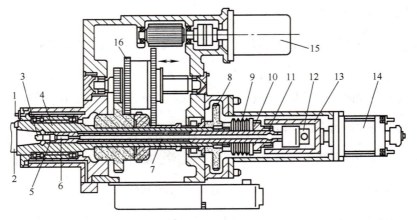

图6-13 数控机床主轴结构示例

1—切削液喷嘴 2—刀具 3—拉钉 4—主轴 5—弹性卡爪 6—喷气嘴 7—拉杆 8—定位凸轮 9—碟形弹簧 10—轴套 11—固定螺母 12—旋转接头 13—推杆 14—液压缸 15—交流伺服电动机 16—换档齿轮

3. 主轴常见故障的诊断与维修（表6-1）

表6-1 主轴常见故障的诊断与维修

序号	故障现象	故障原因	排除方法
1	加工精度达不到要求	机床在运输过程中受到冲击	检查对机床精度有影响的部件，并按出厂的精度要求重新调整或修复
		安装不牢固，安装精度低或发生了变化	重新安装调平、紧固
2	切削振动大	主轴箱和床身的连接松动	恢复精度后紧固螺栓
		轴承预紧力不足，游隙过大	调整轴承游隙，注意预紧力不能过大，以免损坏轴承
		轴承损坏	更换轴承
		主轴与箱体配合超差	修理主轴或箱体，使其配合精度、位置精度达到要求
		其他因素	检查刀具或切削工艺等问题

（续）

序号	故障现象	故障原因	排除方法
3	轴承箱噪声大	主轴部件动平衡不好	重新做动平衡
		齿轮啮合间隙不均或有损伤	调整间隙或更换齿轮
		轴承损坏或传动轴弯曲	修复或更换轴承、校直传动轴
		传动带长度不一或过松	调整或更换传动带，注意不能新旧混用
		润滑不良	调整润滑油量，保持主轴箱的清洁度
4	主轴发热	主轴轴承预紧力过大	调整预紧力
		轴承研伤或损坏	更换轴承
		润滑油污染、耗尽或过多	清洗主轴箱，更换润滑油

（二）滚珠丝杠副的故障

1. 概述

滚珠丝杠副故障大部分是由运动质量下降、反向间隙过大、机械爬行、轴承噪声大等原因造成的。图 6-14 所示为滚珠丝杠副示例。

图6-14　滚珠丝杠副示例

2. 滚珠丝杠副常见故障的诊断与维修（表6-2）

表 6-2　滚珠丝杠副常见故障的诊断与维修

序号	故障现象	故障原因	排除方法
1	加工件表面粗糙度值高	导轨润滑油不足，致使溜板爬行	添加润滑油，排除润滑故障
		滚珠丝杠有局部的拉毛或研损	更换或修理滚珠丝杠
		滚珠丝杠轴承损坏，运动不平稳	更换损坏的轴承
		伺服电动机调整不到位，增益不匹配	调整伺服电动机控制器参数

（续）

序号	故障现象	故障原因	排除方法
2	滚珠丝杠运转中转矩过大	滑板配合压板过紧或研损	重新调整或修研压板
		伺服电动机与滚珠丝杠连接不同轴	调整同轴度并紧固连接座
		无润滑油	调整清洗润滑油路
		伺服电动机过热报警	检查故障并排除
3	反向误差大，加工精度不稳定	滚珠丝杠联轴器的轴套松动	重新紧固并测量
		滚珠丝杠滑板配合压板过紧或过松	重新调整或修研
		滚珠丝杠预紧力过紧或过松	调整预紧力，检查轴向窜动
		滚珠丝杠螺母端面与结合面不垂直，结合过松	修理、调整或加垫处理
		滚珠丝杠支座轴承预紧力过紧或过松	修理、调整
		滚珠丝杠制造误差大或轴向窜动	用控制系统自动补偿功能消除间隙，用仪器测量调整轴向窜动
		润滑油不足或没有	调节至各导轨面均有润滑油
		其他机械干涉	检查排除干涉

（三）刀库故障

1. 概述

数控机床的自动换刀装置（ATC）动作频繁，是最容易发生故障的地方。ATC 机构回转不停或没有回转、有夹紧或没有夹紧、没有切削液等，换刀定位误差过大、机械手夹持刀柄不稳定、机械手运动误差过大等都会造成换刀动作卡住，整机停止工作。刀库中的刀套不能夹紧刀具、刀具从机械手中脱落、机械手无法从主轴和刀库中取出刀具等都是刀库及换刀装置易产生的故障。图 6-15 所示为数控机床刀库和自动换刀机构示例。

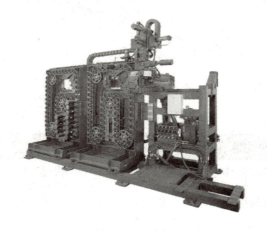

a) 刀库　　　　　　　　　　　　　　b) 自动换刀机构

图6-15　数控机床刀库和自动换刀机构示例

2. 刀库系统故障的诊断与维修（表6-3）

表 6-3　刀库系统故障的诊断与维修

序号	故障现象	故障原因	排除方法
1	转塔刀架没有抬起动作	控制系统是否有 T 指令输出信号	检查 PLC 梯形图涉及点位的输入/输出状态，手动复位，排除周边故障
		抬起电磁铁无信号或阀杆卡住	修理或清除污染物，更换电磁阀
		压力不足	检查油箱并调整压力
		与转塔抬起连接的机械部结构研损	修复研损部分或更换机械结构
2	转塔不正位	上下连接盘与中心轴花键间隙过大产生位置偏差大，落下时容易碰牙顶，引起不到位	重新调整连接盘与中心轴的位置，或更换机械结构
		转盘上的撞块与选位开关松动，导致输出信号不稳定	在转塔处于正位时，重新调整撞块与选位开关的位置并紧固
		凸轮在轴上有窜动	调整并紧固固定转位凸轮的螺母
		转位凸轮轴的轴向预紧力过大或有机械干涉	调整预紧力，排除干涉
3	转塔重复定位精度差	上下牙盘受冲击，定位松动	重新调整固定
		牙盘间有污染物或滚针脱落在牙盘间	修理或清除污染物，更换电磁阀
		转塔落下时有机械干涉	检查排除机械干涉
		夹紧液压缸研损	修复研损部分或更换密封圈
		液压夹紧力不足	检查压力调整到额定值
		上下牙盘受冲击，定位松动	重新调整固定
4	刀具不能夹紧	气压不足	调整气压到额定值
		刀具夹紧液压缸漏油	更换密封装置紧固液压缸不漏油
		刀具松卡弹簧上的螺母松动	旋紧螺母
5	刀具从机械手中脱落	刀具超重	刀具不得超重，更换机械手卡紧销
		机械手卡销损坏或没有弹出	更换弹簧

五、液压系统故障的诊断与维修

（一）概述

液压传动系统的主要驱动对象有液压卡盘、静压导轨、液压拨叉变速液压缸、主轴箱的液压平衡装置、机械臂和主轴松刀液压缸等装置。其主要故障表现为流量不足、压力不够、温度过高、噪声和爬行等。图 6-16 所示为数控车床液压系统原理图示例。

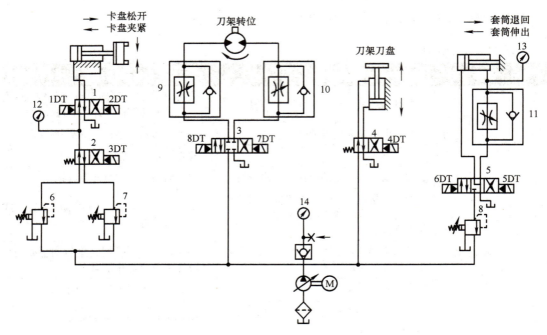

图6-16 数控车床液压系统原理图示例

1、2、3、4、5—换向阀 6、7、8—减压阀 9、10、11—调速阀 12、13、14—压力表

（二）液压系统的构成和调节

1）液压系统由液压油箱、管路、控制阀等组成。控制阀采用分散布局，就近安装原则，分别装在刀库和立柱上。液压系统主要单元示例如图6-17所示。

2）系统的工作压力通过调节液压泵上的压力调节螺钉进行调整。低压用于控制转台的夹紧与松开，机械手的刀具交换动作，刀库的松刀、夹刀，主轴的松刀、夹刀，主轴的高低档变换等动作；高压用于平衡主轴箱。

3）主轴箱的液压平衡系统采用封闭油路，系统压力由蓄能器补油和吸油来维持。

4）蓄能器的压力是由皮囊的气压产生的，长期使用时气体渗漏会造成压力不足，此时应向蓄能器补气，蓄能器内填充的是高压氮气。

5）气压系统所用的压力一般为0.4~0.6MPa。气压系统用于主轴锥孔吹气和开关刀库侧面的防水门。

6）润滑系统。工作滑座、立柱滑座和主轴箱导轨都需要良好的润滑，润滑系统一般采用间歇润滑泵。

7）冷却系统。冷却泵打出切削液，经导管套、分油器到主轴箱前端的喷嘴，将切削液喷向工件，冷却泵的起停由程序控制。

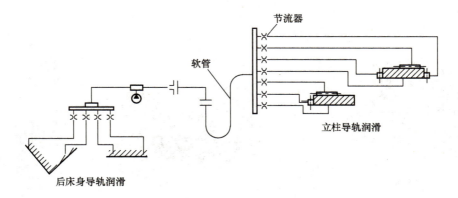

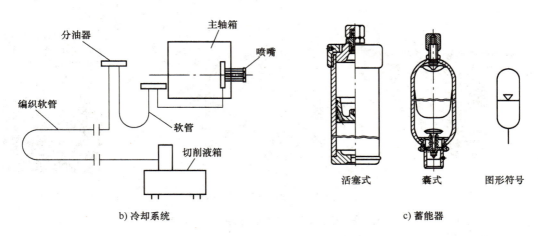

图6-17 液压系统主要单元示例

（三）液压系统故障的诊断与维修

1. 数控机床液压系统故障的特点

数控机床的液压系统一般由机械、液压、电气及其仪表等装置有机地组合而成，对其故障的分析也受各方面因素的综合影响。图6-18所示为数控机床液压系统不同装置的实物示例。

液压设备中出现的故障多数情况下可能是几个故障同时出现，或多个原因引起同一故障，而且这些原因常常互相交织在一起互相影响。液压系统的故障除与液压本身的因素有关外，甚至还会与机械、电气部分的弊病交织在一起，使得故障变得复杂，新数控机床的调试更是如此。

由于很难观察到液压系统内部油液的流动状态、液压件内部机械结构的动作以及密封件的损坏情况等，所以很难直接判断出产生故障的主要原因。液压系统的故障具有多样性、复杂性、偶然性等特点，并且一时很难确定故障的部位和产生的原因，但是一旦找出原因后，其处理和排除却比较容易。

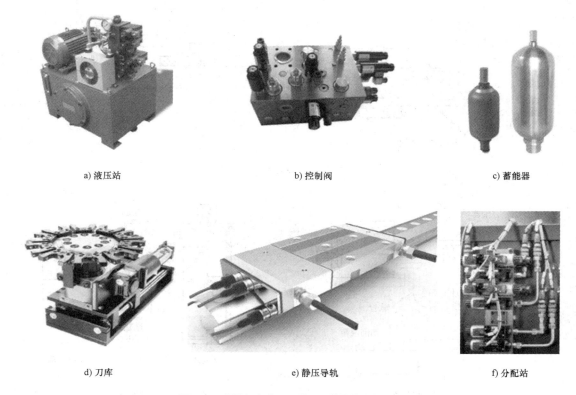

图6-18 数控机床液压系统不同装置的实物示例

2. 液压系统故障诊断和维修的要求

维修人员应该掌握液压传动的基本知识，了解整个系统的传动原理和结构特点，具备处理液压故障的初步经验，且熟知设备的情况。

根据故障现象进行判断，逐步地分析深入，有目的、有方向地缩小可疑范围，最终确定出故障的区域、部位，以及确切的元件。

3. 液压系统故障的诊断方法

在分析故障原因时，可采用"看、问、听、摸、闻"的方式初步判断是否有异常以及故障发生的部位。"看"即观察液压系统的真实现象；"问"即了解设备平时的运行情况；"听"即判别液压系统工作声音是否正常；"摸"即观察正在运动的部件表面和设备温度；"闻"即了解油液是否有异味变质。不过，主观诊断只是简单的定性情况，为了查清液压系统的故障原因，还需停机拆卸某些元件，送到试验台上做定量的性能测试。常见液压系统故障的现象、原因和排除方法见表6-4。

表 6-4 常见液压系统故障的现象、原因和排除方法

序号	故障现象	故障原因	排除方法
1	液压泵不供油或流量不足	压力调节弹簧过松	调节压力弹簧到合适位置，确保输出压力满足工作要求
		流量调节螺钉调节不当	调整流量调节螺钉至满足工作要求
		液压泵转速太低	将转速控制到最低转速以上
		液压泵转向相反	调整液压泵转向
		液压油黏度过高	选用规定牌号液压油
		吸油管堵塞	清除堵塞物
		进油口漏气	修理或更换密封件
		油量不足，吸油管露出液面吸入空气	加油至规定位置，将过滤器埋入液面下
		液压泵卡死	修理液压泵，重新装配或更换
2	液压泵发热，油压过高	液压泵工作压力超载	按额定压力工作
		吸油管和系统回油管距离太近	调整油管，确保工作后的油不会直接进入液压泵
		油箱油量不足	按规定加油
		摩擦引起机械损失，泄漏引起容积损失	检查或更换零件及密封圈
		压力过高	液压油的黏度过大，按规定更换
3	系统工作压力低，运动部件爬行	泄漏	检查泄漏部件，修理或更换
		轴承研伤或损坏	检查是否存在高压腔向低压腔的泄漏
		润滑油污染、耗尽或过多	将泄漏的管件、接头、阀体修理或更换
4	导轨润滑不良	分油器堵塞	更换损坏的定量分油器
		油管破裂或渗透	修理更换油管
		没有气体动力源	检查气动柱塞泵有否堵塞，是否灵活
		油路堵塞	清理污物，保障管路畅通
		压力过高	液压油的黏度过大，按规定更换
5	液压泵有异常噪声或压力下降	油量不足，吸油管露出液面	加油到规定位置
		吸油管吸入空气	找出泄漏部分，修理或更换零件
		过滤器局部堵塞	清洗过滤器
		液压泵与电动机连接同轴度差	调整联轴器
		泵与其他机械共振	更换零件

任务七

物联网设备的安装与维修

一、任务介绍

（一）学习目标

最终目标：在掌握物联网三层体系结构的基础上，能够根据硬件连线图开展物联网设备的安装、调试和维修、维护任务。

促成目标：了解无线射频识别技术 RFID、ZigBee、WSN、智能传感器技术等物联网关键技术，具备根据物联网典型应用场景开展设备安装、系统部署、维修、维护的能力。

（二）任务描述

1）理解物联网的定义和基本特征。

2）掌握物联网的三层体系结构。

3）掌握物联网行业设备安装与调试常用工具、检具的使用。

4）了解物联网系统的硬件连线图。

5）了解无线射频识别技术 RFID、ZigBee、WSN、智能传感器等技术。

6）了解物联网在工业自动化中的应用。

（三）相关知识

1）物联网的定义与特征。

2）物联网的架构。

3）物联网综合布线规范。

4）无线射频识别技术 RFID。

5）ZigBee 技术。

6）WSN 无线传感技术。

7）智能传感器技术。

8）物联网典型应用场景。

9）工业互联网概述。

（四）学习开展

物联网设备安装与维修（6 学时）。

（五）补充材料

RJ-45（水晶头）接头的制作：以基本的直通五类线的制作方法为例，其他类型网线的制作方法类似，只是跳线方法不一样。

1）用双绞线网线钳或其他剪线工具把五类双绞线的一端剪齐，然后把剪齐的一端插入到网线钳用于剥线的缺口中，稍微握紧压线钳慢慢旋转一圈（剥线刀片之间留有 4 对芯线的直径的距离，所以不用担心会损坏网线里面芯线的皮），利用刀口划开双绞线的保护胶皮然后剥离，也可使用专门的剥线工具来剥离保护胶皮。

注意：剥线长度通常应恰好为水晶头长度，这样可以有效避免剥线过长或过短造成的麻烦。剥线过长一方面不美观，另一方面因网线不能被水晶头卡住，容易松动；剥线过短，因有较厚的外皮存在，不能完全插到水晶头底部，造成水晶头插针与网线芯线不能完好接触。

2）剥除外皮后即可见到双绞线网线的 4 对 8 条芯线，每对缠绕的两根芯线由一种染有相应颜色的芯线加上一条只染有少许相应颜色的白色相间芯线组成。四条全色芯线的颜色分别为棕色、橙色、绿色、蓝色。将暴露出的 4 对芯线中互相缠绕的两根芯线逐一解开，解开后按 568A 或 568B 的排序把几组线缆依次地排列好并理顺，尽量扯直并拢线缆。

3）用压线钳的剪线刀口或其他剪线工具把线缆顶部裁剪整齐，保持其平扁排列。

4）把整理好的线缆插入水晶头内，缓慢均衡用力把 8 条线缆沿 RJ-45 头内的 8 个线槽同步插入到线槽的顶端。线缆插入时将水晶头有弹簧片的一面向下，有针脚的一端指向远离自己的方向，此时，最左边的是第 1 脚，最右边的是第 8 脚，其余依次顺序排列。

注意：保留剥离了外层保护层的线缆部分约为 15mm，这个长度正好能保证各细导线插入到各自的线槽端部，并可确保水晶头压住双绞线的保护外皮护套。

5)压线。在压线之前,确认每一组线缆是否都严密地顶在水晶头的末端。把水晶头插入压线钳对应的钳口,可以用双手一起施力压紧,听到轻微的"啪"一声,水晶头凸出在外面的针脚就全部压入水晶头内。重复步骤 1~5 可完成网络线缆另一侧水晶头的制作。

6)检查。将双绞线两端的 RJ-45 接头分别插入寻线仪发射器和接收器的对应接口位置,查看网络线缆每条线路的情况,若指示灯闪烁的顺序为 1-1、2-2、3-3、4-4、5-5、6-6、7-7、8-8,表明网络线缆(直通线)正常导通,若指示灯闪烁顺序为 1-3、2-6、3-1、4-4、5-5、6-3、7-7、8-8,表明网络线缆(交叉线)正常导通。当灯不亮时,对应的线路被阻塞,若同时有多盏灯亮,则说明对应的多线短路。此时,需要按照前述步骤 1~5 制作新的水晶头或检测线缆本身的通断情况。图 7-1 所示为 RJ-45(水晶头)接头的制作步骤示例。

双绞线及水晶头的制作

a)剥离网线的保护外皮

b)按568A/B的排序理平网线并预留合适的长度(15mm)

c)修剪平整网线头,保持平扁

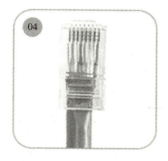
d)将网线整齐地插入RJ-45接头顶部

e)使用对应的钳口压紧水晶头内网线

f)连接测试仪检测双绞线的通断

图7-1 RJ-45(水晶头)接头的制作步骤示例

二、物联网的定义及其架构层次

智能制造是基于新一代信息通信技术与先进制造技术的深度融合和升级,其内涵是实现整个制造业价值链的智能化和创新,追求的是实现企业内部所有环节信息的无缝连接,通过创造物联网及服务互联网将资源、信息、物体以及人紧密地联系在一起,把生产工厂转变为一个智能环境。

工业物联网和人工智能是智能制造的两大支撑系统，物联网设备是实现实时数据收集和驱动的基础，是工业物联网的基础组件。传统制造业由自动化向智能化的升级迫切地需要融合了虚拟生产和现实生产的物联网系统，能运用物联网等智能赋能技术解决智能制造子系统级的工程问题是对智能制造工程技术人员的基本要求。

（一）物联网的定义与基本特征

1. 物联网的定义

物联网（Internet of Things，IoT）的概念是在1999年由美国麻省理工学院的自动识别中心（Auto-ID Labs）最早提出的。早期的物联网以物流系统为背景，是物流供应链与商品的互联，是一种狭义的互联网概念。随着网络技术、传感技术、数据库技术、云计算、移动计算、机器学习等技术的发展，物联网的概念发生了很大的变化，物联网成为物-物相连的互联网。"万物皆可通过网络互联"体现了物联网的核心内涵。

物联网是一个基于互联网、传统电信网等信息承载体，让所有能够被独立寻址的普通物理对象实现互联互通的网络，是以互联网为基础并围绕互联网进行扩展与延伸的技术。它通过前端的各种传感器装置与识别技术实时采集物体的各种信息，通过与互联网的结合，建立了一个信息能够快速准确传输的更为精密的网络，实现了万物的互联互通及对物品和过程的智能化感知、识别和管理。

2. 物联网的特征

物联网的基本特征可概括为整体感知、可靠传输和智能处理。整体感知是指利用包括传感器在内的前端感知设备获取物体的各类信息；可靠传输是指融合通信、互联网等网络，实时、准确、可靠地传输物体的信息，实现信息交流与分享；智能处理指使用各种技术对信息进行智能分析与处理，实现监测与控制的智能化。

物联网不仅可以依靠传感器使物体与网络相连接进行数据信息交互，同时物联网本身也可以智能地处理和控制物体。物联网结合智能处理可以使云计算、模式识别等智能技术应用于物联网，满足各行各业用户的需求。

物联网具有低功耗、低成本、无线通信与测量等优点，被广泛地应用在智能农业、目标跟踪和环境监测等领域中，可以获取和跟踪网络中存在的对象信息和环境信息。用户在任何环境、地点和时间内都可以通过物联网获取相关数据。

（二）物联网的架构层次

物联网通过各类感知设备获取物品的各种信息，利用通信协议将所采集的数据信息统一存储于数据库系统，为人们对数据的分析和管理提供支撑。物联网主要由三个层级构成，分别为感知层、网络层、应用层。感知层通过各种传感器装置与识别技术实时采集物体的各种信息，实现对物品和过程的智能化感知、采集；网络层通过电信网和互联网实现信息的传输、路由与控制，将物理实体直接连接到应用层；应用层为物联网应用提供处理和计算等基本服务并实现物联网在多个领域的应用。图7-2所示为物联网架构的层次示例。

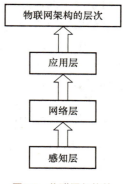

图7-2　物联网架构的层次示例

1. 感知层

感知层由各种传感器以及传感器网关构成。传感器设备用于全面进行物品数据信息的感知与采集，网关用于将传感器与网络相互连接，确保传感器应用过程中有效进行数据信息的采集处理。由于各类物品所需要采集的数据信息存在差异性，需要按照不同信息采集需求使用各类传感器，这些传感器就形成了物联网领域的感知层，是物联网架构中最基础的层次。

感知层由基本的感应器件（例如RFID标签与读写器、各类传感器、摄像头、GPS、二维码标签和识读器等基本标识和传感器组成）以及传感器组成的网络（例如RFID网络、传感器网络等）两大部分组成。物联网的感知层相当于人类的眼睛、鼻子、耳朵和四肢的延伸，融合了视觉、听觉、嗅觉、触觉等器官的功能，主要利用射频技术（RFID）、传感技术、定位技术和激光扫描技术。

2. 网络层

利用感知层获取各类数据信息后，需要以互联网为基础进行物品之间的连接，通过可靠的网络传输系统传递各类数据信息。网络层是物联网架构中的中间层次，建立在现有的通信网络、互联网、广电网基础之上，具有承上启下的特点，起到物品之间信息传输的作用，主要完成接入和传输功能，是进行信息交换、传递的数据通道，包括接入网和传输网两种。

传输网由公网和专网组成，典型的传输网络包括电信网、广电网、电力通信网、专用网等；接入网包括光纤接入、无线接入、卫星接入和以太网接入等。网络层可根据协议规定实现信息的解析处理，完成解析的数据信息利用网络系统传输到应用层，使得数据信息能够规范存储、统一管理。结合具体的环境需求，网络层信息传输可使用3G技术、4G技术、5G技术或有线网络技术。

3. 应用层

应用层也称为处理层，解决的是信息处理与人机交互的问题。要想更好地应用感知层和网络层采集传输的信息，就要利用应用层提供相应的服务接口，结合具体行业信息应用需求设计各类操作功能，为人们提供多元化的信息服务。同时，物联网架构中的应用层还可以发送控制感知层物品或设备的指令，达到对物品设备的良好控制。

应用层主要包含应用支撑平台子层和应用服务子层。应用平台层用于支撑跨行业、跨应用、跨系统之间信息的协同、共享和互通；应用服务层包括在智能家居、智能交通、智能物流等行业的应用。应用层是物联网与行业专业技术的深度融合，它与行业具体需求结合，实现智能化的识别、定位、跟踪、监控和管理。

三、物联网设备的安装、布线与故障处理

物联网设备的装（安装与配置）、调（系统部署、组网和调试）、用（物联网数据获取、设备控制等）、维（系统维护及设备维修）涉及物联网三层架构内的众多硬件、软件和相关技术，在此以物联网的感知层设备为基础，介绍物联网设备安装维修常用工具、检具以及综合布线规范。

（一）物联网设备的安装工具与检具

1. 物联网系统集成工程

弱电线路一般是指直流电路或音频、视频线路、网络线路、电话线路、传感信号线路、控制信号线路等直流电压在24V以内的线路。系统集成工程中的弱电一般分为两类，一类是国家规定的安全电压等级或低电压电能的控制电压，有交流和直流之分，交流36V以下，直流24V以下，如24V直流控制电源或应急照明灯备用电源等；另一类是载有语音、图像、数据等信息的信息源，如电话、计算机、网关、传感器的信息等。随着计算机技术的飞速发展，软硬件功能的迅速强大，各种弱电系统工程和计算机技术的完美结合，使以往的各种分类不再像以前那么清晰。各类工程的相互融合，就是系统集成。弱电技术的应用程度决定了系统集成工程的智能化程度。

物联网感知层由各种传感器以及传感器网关构成，用于信息的感知与采集，相关的器件多由印制电路和集成电路构成，其功率以瓦（W）、毫瓦（mW），电压以伏（V）、毫伏（mV）、电流以毫安（mA）、微安（μA）计，属于弱电范畴，因此物联网设备中与信息传递和控制相关的系统集成工程都属于弱电工程。通常我们说的弱电工程就包括电视工程、通信工程、消防工程、安保和影像工程以及为上述工程服务的综合布线工程。

2. 通用工具与检具

物联网设备的安装维修中除了弱电线路以外，还会涉及系统所需的电力能源的引入，很多

时候会接触到交流220V/50Hz及以上的强电,因此设备安装操作人员必须具备安全用电常识,掌握必要的安全操作规范。同时,物联网设备的安装与维修需要用到多种工具和检具。包括常用规格的一字/十字螺钉旋具、精密螺钉旋具套装、内六角扳手套装、尖嘴钳、剥线钳、水口钳、美工刀、镊子、试电笔、万用表、电烙铁套装等工具,如图7-3所示。弱电工程施工环境多变,为了便于收纳、整理,一般使用防水耐磨且带有固定装置的工具包来存放工具。

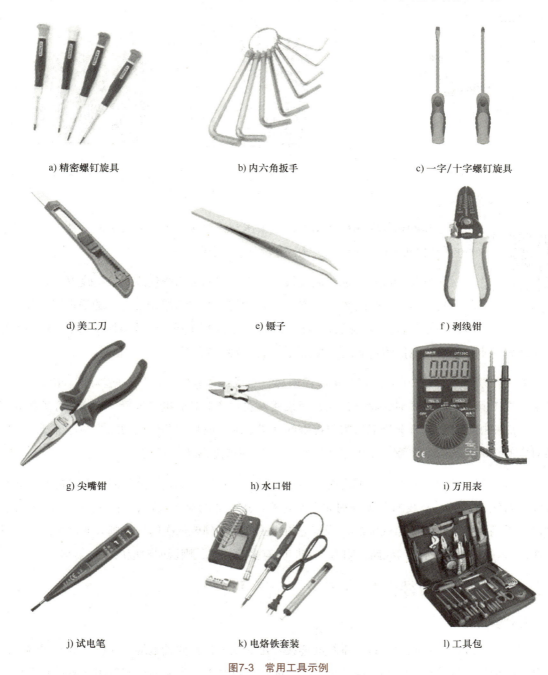

图7-3 常用工具示例

3. 专用工具与检具

物联网设备安装与维修中会用到与普通机电设备安装维修不同的专用工具与检具，常用的有网线压线钳、网络测线仪、寻线仪等，主要用于线路接头制备、线路传输检测、线路状态监测等操作。图 7-4 所示为物联网设备安装与维修专用工具与检具示例。

网络测线仪

a) 压线钳　　　　　　b) 网络测线仪　　　　　　c) 寻线仪

图7-4　物联网设备安装与维修专用工具与检具示例

寻线仪

1）压线钳又称为驳线钳，是用来压制线路接头（水晶头）的一种工具。常见的电话线接头和网线接头都是用压线钳压制而成的。

2）网络测线仪。网络测线仪也称为专业网络测线仪或网络检线仪，是一种便携、可视的可以检测 OSI（开放式通信系统互联参考模型）定义的物理层、数据链路层、网络层运行状况的智能检测设备。主要用于局域网故障检测、维护和弱电综合布线施工中，网络测线仪的功能涵盖物理层、数据链路层和网络层。

3）寻线仪。寻线仪由发射器、接收器两部分组成，是视频监控、安防等综合布线和维护的实用性工具。巡线模式时先将电话线或网线插入发射器上对应接口位置，将功能开关拨到寻线，然后将接收器的探针分别靠近需要巡查的众多线缆，或将需要检查的线缆的尾部插入接收器对应的接口，若产生报警声音则说明是同一根线，否则就需要继续寻线。

寻线仪可以追踪视频线、金属电缆，用于判断线路状态，识别线路故障，并且能寻找单根导线。对线模式时将网线的两头分别插入发射器与接收器的对应接口，将功能开关拨到对线，可以查看网络线缆每条线路的情况，若相应的指示灯从 1 到 8 依次闪烁，则表明网络线缆正常导通，当灯不亮时，对应的线路被阻塞，若同时有多盏灯亮，则说明对应的多线短路。

（二）物联网综合布线与硬件连接图

1. 综合布线

（1）常用线缆　物联网设备与系统间连接常用的线缆包括同轴电缆、光缆、双绞线等。同轴电缆的价格比双绞线贵一些，但其抗干扰性能比双绞线强，当需要连接较多设备而且通信容量相当大时可以选择同轴电缆。与其他传输介质相比，双绞线在传输距离，信道宽度和数据传输速度等方面均受到一定限制，但价格较为低廉。

1）同轴电缆（Coaxial Cable）。同轴电缆有两个同心导体，是一种导体和屏蔽层共用同一轴心的电缆。一般由绝缘材料隔离的铜线导体组成，在里层绝缘材料的外部是另一层环形导体及其绝缘体，整个电缆由聚氯乙烯或特氟纶材料的护套包住，同轴电缆及其结构如图7-5所示。

图7-5 同轴电缆及其结构

常用的同轴电缆有50Ω和75Ω同轴电缆两类。75Ω同轴电缆常用于CATV网，故称为CATV电缆，常用CATV电缆的传输带宽为750MHz。50Ω同轴电缆主要用于基带信号传输，传输带宽为1~20MHz，总线型以太网就是使用50Ω同轴电缆，在以太网中，50Ω细同轴电缆的最大传输距离为185m，而粗同轴电缆可达1000m。

2）光缆（Optical Fiber Cable）。光缆是利用置于包覆护套中的一根或多根光纤作为传输媒质并可以单独或成组使用的通信线缆组件。光缆是一定数量的光纤按照一定方式组成缆芯，外包有护套，有的还包覆外护层，用以实现光信号传输的一种通信线路。光缆一般由缆芯、加强钢丝、填充物和护套等几部分组成，另外根据需要还有防水层、缓冲层、绝缘金属导线等构件。图7-6所示为光缆及其结构示例。

图7-6 光缆及其结构示例

光缆的连接分为永久性光纤连接（又称为热熔），应急连接（又称为冷熔）和活动连接。永久性连接是用放电的方法将两根光纤的连接点熔化并连接在一起，一般用在长途接续、永久或半永久固定连接。连接时，需要专用设备（熔接机）和专业人员进行操作。图7-7所示为光纤热熔配套设备示例。应急连接主要是用机械和化学的方法，将两根光纤固定并粘接在一起，这种方法的主要特点是连接迅速可靠，但连接点长期使用会不稳定，衰减也会大幅度增加，所以只能短时间内应急用。活动连接利用各种光纤连接器件（插头和插座），将站点与站点或站点与光缆连接起来，这种方法灵活、简单、方便、可靠，多用在建筑物内的计算机网络布线中。

图7-7 光纤热熔配套设备示例

1—熔接机主机 2—光纤切割刀 3—锂电池 4—电源线 5—酒精瓶 6—台式便携器 7—冷却槽 8—备用电极 9—热缩管 10—光纤清洁纸 11—光纤剥线钳 12—皮线开剥钳

3）双绞线（Twisted Pair，TP）。双绞线是综合布线工程中最常用的传输介质，是由两根具有绝缘保护层的铜导线组成。通过将两根绝缘的铜导线按一定密度互相绞在一起，每一根导线在传输中辐射出来的电波会被另一根线上发出的电波抵消，从而有效降低信号干扰的程度。

双绞线中常见的有三类线，五类线和超五类线，以及六类线，前者线径细而后者线径粗。类型数字越大、版本越新，技术越先进、带宽也越宽，价格也越贵，图7-8所示为不同类型双绞线示例。不同类型双绞线标注方法的规定如下：如果是标准类型则按CATx方式标注，如常用的五类线和六类线，在线的外皮上标注为CAT5、CAT6；而如果是改进版，就按xe方式标注，如超五类线就标注为5e（字母是小写，而不是大写）。表7-1为不同类型双绞线的特性。

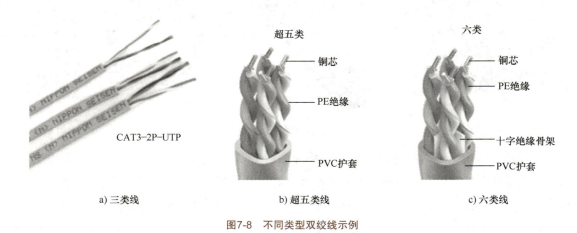

图7-8 不同类型双绞线示例

表 7-1　不同类型双绞线的特性

线型	传输速率	用途	传输距离 /m
一类线	—	用于语音传输，不用于数据传输	—
二类线	4Mbps	用于语音传输和数据传输	—
三类线	10Mbps	主要用于旧令牌网	100
四类线	16Mbps	用于 10BASE-T/100BASE-T	100
五类线	100Mbps	用于以太网	100
超五类线	1000Mbps	用于千兆以太网	100
六类线	> 1Gbps	用于千兆以太网	100
超六类线	10Gbps	优化后的六类网线	100
七类线	10Gbps	用于万兆以太网	100

网线超过 90m 会引起网络信号衰减，同时沿路干扰增加使得传输数据容易出错，会造成上网卡住、网页出错等情况，因而给上网者造成网速变慢的感觉。

根据有无屏蔽层，双绞线分为屏蔽双绞线（Shielded Twisted Pair，STP）和非屏蔽双绞线（Unshielded Twisted Pair，UTP），如图 7-9 所示。屏蔽双绞线在双绞线与外层绝缘封套之间有一个金属屏蔽层。屏蔽层可减少辐射，防止信息被窃听，也可阻止外部电磁干扰的进入，所以屏蔽双绞线比同类的非屏蔽双绞线具有更高的传输速率。但在实际施工中，屏蔽双绞线很难全部完美接地，反而使屏蔽层本身成为最大的干扰源，导致性能甚至远不如非屏蔽双绞线。所以，除非有特殊需要，通常在综合布线系统中只采用非屏蔽双绞线。

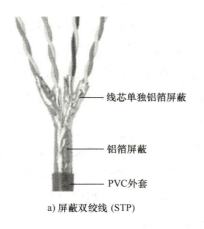
a) 屏蔽双绞线 (STP)

b) 非屏蔽双绞线 (UTP)

图 7-9　屏蔽和非屏蔽双绞线示例

（2）综合布线规范　物联网系统的综合布线涉及电源线敷设、光电缆敷设、尾纤与对绞电缆的敷设、各类缆线终接等。综合布线的质量体现的不仅是材料和设备，系统功能设计的实现很大程度上依赖于对综合布线的理解和施工管理及经验。各种线缆的敷设要求参照（GB 50311—2016）《综合布线系统工程设计规范》、（GB/T 50312—2016）《综合布线系统工程验收规范》执行。

1）一般性要求。直流电源线与交流电源线需分开敷设，电源线、信号电缆、对绞电缆、光缆等缆线应分离布放，各缆线间的最小净距应符合设计要求；缆线的布放应自然平直靠拢，不得产生扭绞、打圈、接头等现象，不应受外力的挤压和损伤；同类线应绑扎在一起，绑扎双绞线时用力适度，否则会影响系统的串扰指标；缆线应有余量以适应终接、检测和变更；缆线两端应贴有标签；电缆/光缆弯曲半径、电缆/光缆成端及机柜、保护接地及信号接地必须严格遵守有关规定，综合布线现场示例如图 7-10 所示。

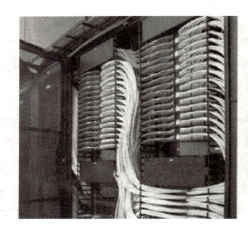

图7-10 综合布线现场示例

2）弱电电缆的布线。电缆敷设前须先核准电缆型号、截面是否与设计相同，进行目测和物理粗测。电缆固定时，在转弯处弯曲半径不小于电缆直径的 6 倍。每放一个回路都必须在电缆头、尾上绑挂电缆铭牌，铭牌上应编上每回路编号、电缆型号、规格及长度，也可用号码管作标识。对直径为 0.5mm 的双绞线，牵引拉力不能超过 100N；直径为 0.4mm 的双绞线，牵线力不能超过 70N。对批量购进的四对双绞电缆，应从任意三盘中抽出 100m 进行电缆电气性能抽样测试。对电缆长度、衰减、近端串扰等几项指标进行测试。

3）通信光缆的布线。入户光缆两端应有统一的标识，标识上宜注明两端连接的位置。标签书写应清晰、端正和正确，标签应选用不宜损坏的材料。入户光缆不宜与电力电缆交越，若无法满足时必须采取相应的保护措施。入户光缆布放应顺直，无明显扭绞和交叉，不应受到外力的挤压和操作损伤，不得把光纤折成直角，需拐弯时应弯成圆弧，圆弧直径不得小于 60mm，光纤应理顺绑扎。

4）弱电机房的布线。计算机中心机房由独立的供电回路供电。采用两路市电＋发电机供电，所有计算机设备在服务器柜内，设备自身并入双直流电源。计算机机房电源进线按国家标准采取防雷措施,强弱电线路保持足够间距敷设。综合布线完成后需对机房进行电磁兼容(EMC)测试,要求电子信息设备停机时,噪声值≤65dB,无线电干扰频率为0.15~1000MHz时,无线电干扰场强≤126dB,磁场干扰环境场强≤800A/m,地板表面垂直及水平向的振动加速度≤500mm/s^2。

2. 双绞线及其制作

(1)双绞线的主流品牌 安普(AMP)是市场中常见的品牌,其双绞线质量好、价格便宜;西蒙(Siemon)双绞线常用于综合布线系统,它的质量、技术特性、价格相比安普品牌高许多,在DIY市场中较少使用;朗讯(Lucent)双绞线主要用在高端网络组建中,中小企业较少见其应用;丽特(NORDX/CDT)的六类非屏蔽电缆能够提供较高的频带宽度和余量,具有广泛的应用;IBM的ACS银系列产品带宽达200MHz,可以更好地支持千兆以太网及其他使用4对线缆传输的网络。表7-2为综合布线中常用的国产双绞线品牌。

表7-2 综合布线中常用的国产双绞线品牌

秋叶原	山泽	绿联	胜为	晶华

(2)双绞线制作标准 在双绞线标准中应用最广的是ANSI/EIA/TIA-568A和ANSI/EIA/TIA-568B(实际上应为ANSI/EIA/TIA-568B.1,简称为T568B)。这两个标准最主要的区别就是芯线序列的不同。EIA/TIA-568A的线序定义依次为绿白、绿、橙白、蓝、蓝白、橙、棕白、棕,其标号见表7-3。

表7-3 EIA/TIA-568A的线序定义及其标号

绿白	绿	橙白	蓝	蓝白	橙	棕白	棕
1	2	3	4	5	6	7	8

EIA/TIA-568B的线序定义依次为橙白、橙、绿白、蓝、蓝白、绿、棕白、棕,其标号见表7-4。

表7-4 EIA/TIA-568B的线序定义及其标号

橙白	橙	绿白	蓝	蓝白	绿	棕白	棕
1	2	3	4	5	6	7	8

双绞线一般用于星型网络的布线，每条双绞线通过两端安装的 RJ-45 连接器（俗称水晶头）将各种网络设备连接起来。双绞线的标准接法是有规定的，目的是保证线缆接头布局的对称性，这样就可以使接头内线路之间的干扰相互抵消。水晶头的 1、2 触点用于信号发送，3、6 触点用于信号接收，4、5、7、8 是双向线。标准 568A 和 568B 没有本质的区别，只是连接水晶头时 8 根双绞线的线序排列不同。

在实际的网络工程施工中较多采用 568B 标准。图 7-11 所示为 RJ-45 连接头内分别按照 568A 和 568B 标准的线序排布示例。制作网线时如果不按标准规定连接线缆，虽然有时信号也能接通，但是线缆内各线对之间的干扰不能有效消除，从而导致信号传送出错率升高，最终影响网络整体性能。

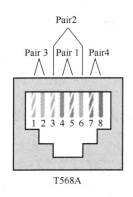

图7-11　RJ-45连接头线序排布示例

（3）设备之间的连接方法　依据双绞线线序排列的标准，一根双绞线缆可以有直通线和交叉线两种连通方式。直通线的两头都按 T568B 的线序标准连接；而交叉线的一头按 T568A 的线序连接，另一头按 T568B 的线序连接，它们分别适用于不同设备的连接场合。表 7-5 列出了两种线型的使用场合。

表 7-5 两种线型的使用场合

线型	使用场合	备注
直通线	计算机（网卡）到交换机 计算机（网卡）到宽带路由器（LAN 口） 交换机到路由器 光纤收发器与交换机	若光纤收发器有两个 RJ-45 端口，则（To HUB）表示连接交换机的连接线是直通线；(To Node)表示连接交换机的连接线是交叉线
交叉线	计算机（网卡）到计算机（网卡） 路由器到路由器 集线器（交换机）到集线器（交换机）	若集线器提供了专门串接到其他集线器的端口，则双绞线均应为直通线接法

3. 硬件连接图

图样是工程师的语言，物联网系统硬件连接图是表示系统内的数据采集、控制、管理及通信模块的控制或网络系统设备等信息基础链路连接关系的一种简图或表格，称为接线图或接线表。物联网设备的安装、连线与调试、维修必须严格依据连接图所描述的设备与其介质通路的连接关系，使用符合标准规范的布线完成硬件系统组装，才能实现系统设计功能，为物联网系统的使用提供可靠保障。

物联网系统的硬件连接图主要包括系统功能图、模块接线图、互连接线图、端子接线图和线缆配置图等。

1）系统功能图用于描述某个系统（或子系统）的结构，通过它可以看出系统的架构、点位、线路、配置等信息，示例如图 7-12a 所示。

2）模块接线图用于描述系统设备中的一个结构单元内部各元件之间的连接关系，示例如图 7-12b 所示。

3）互连接线图用于描述系统设备中的不同模块单元之间的连接关系，示例如图 7-12c 所示。

4）端子接线图用于说明系统设备中的具体端子以及连接在端子外部的接线，示例如图 7-12d 所示。

5）线缆配置图用于描述电缆的两端位置，也包括功能、路径和特性等信息，示例如图 7-12e 所示。

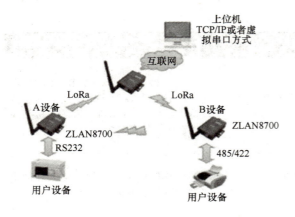

a) 系统功能图

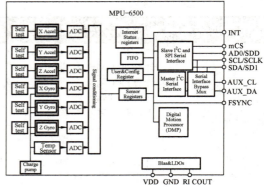

b) 模块接线图

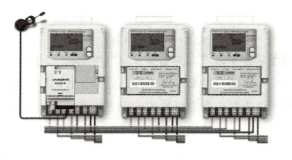

c) 互连接线图

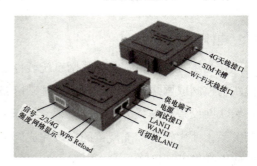

d) 端子接线图

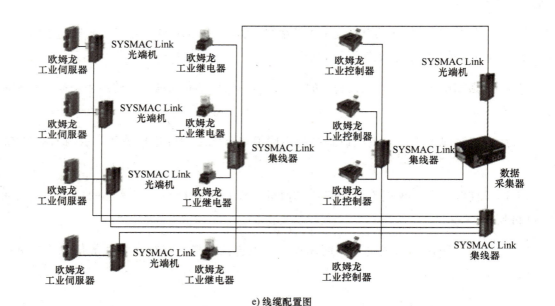

e) 线缆配置图

图7-12 物联网系统的硬件连接图示例

（三）物联网系统的故障与维修

导致物联网故障的原因大部分是信息基础链路的问题。在此仅介绍与物联网系统硬件相关的常见故障，主要包括感知层信息采集端的传感器故障、双绞线布线故障、光缆线路与光纤模块故障、集线器（交换机）故障等。

1. 信息采集端的传感器故障

传感器属于物联网系统的感知层，主要用于信息的获取和识别，其故障主要表现为无法获取传感器的数据、传感器完全失效、短路以及固定偏差、漂移偏差和精度下降等性能变质问题。

1）造成物联网系统无法获取传感器数据的可能原因有传感器端口连线松动、传感器的电源线缆与信号线缆混淆、传感器与电压或电流变送器之间的连线错误或松动、电压或电流变送器供电电压不稳等。

2）传感器完全失效的可能原因有传感器敏感元件损坏、电压或电流变送器损坏、传感器信号传输线缆损坏或传感器芯片引脚脱焊等。

3）短路故障的可能原因有污染引起的测量桥路腐蚀或线路短接等。

4）传感器变质的可能原因有元件老化、偏置电流或偏置电压、电源和地线中的随机干扰、测量环境温度变化较大等。

2. 双绞线布线故障

一般而言，物联网系统网络层故障多半是设置和硬件连接出现错误引起的。通常从系统的网络设置入手（主要是检查 IP 地址、DNS 以及网关是否错误或丢失等），其次检查物理连接，包括双绞线接头是否良好，双绞线是否有断裂的地方等。在综合布线完成后，要对双绞线进行测试，包括连接性能测试和电气性能测试。双绞线布线中的主要故障现象有串绕、开路、短路、反接或错对等。

1）串绕是指将原来的两对线分别拆开后又重新组成新的线对。由于出现这种故障时，端对端的连通性并未受影响，所以用普通的万用表不能检查出故障原因，只有通过使用专用的电缆测试仪才能检查出来。

2）反接是指同一对线在两端水晶头内的针位接反，比如一端为 1-2，另一端为 2-1。

3）错对是指将一对线接到另一端的另一对线上，比如一端是 1-2，另一端接在 4-5 上。

这些故障只需要将 RJ-45 接头重新按线序做过以后就可以恢复正常。同时不能忽视物联网系统所处的外界环境，尤其是电磁波对网络的干扰，在受电磁干扰严重和存放有化学品的场合通常采用干扰性能优于非屏蔽双绞线的屏蔽双绞线。

3. 光缆线路与光纤模块故障

由于外界因素或光纤自身等原因造成的光缆线路阻断影响通信业务的称为光缆线路故障。包括光缆全断、光缆中间的部分故障（束管中断或单束管中的部分光纤中断）等。引起光缆线路故障的原因主要有外力因素、自然灾害、光缆自身缺陷及人为因素等。

1）光缆全断故障的处理。如果现场两侧有预留，采取增加一个接头的方式处理，故障点附近既无预留、又无接头，宜采用续缆的方式解决。

2）光缆中间的部分的故障修复。束管中断或单束管中的部分光纤中断的修复以不影响其他在用光纤为前提，推荐采用开天窗接续方法进行故障光纤修复。图7-13 所示为光纤修复设备示例。

a) 光纤熔接机　　　　　　　　　　　b) 光纤接续盒

图7-13　光纤修复设备示例

光纤模块不能正常使用的原因有光纤跳线与光纤模块不符合，光口污染和损伤引起的光链路不通，对端光模块波长、模式不匹配、光纤模块的金手指导电金属缺失和兼容性等问题。使用时需检查光纤跳线与光纤模块是否相符，确保光纤模块在插上设备时插紧，卡锁卡到位，做好防护措施，保证光纤模块端口不积灰尘等，同时，光纤模块的工作模式和波长需要在两端匹配。

4. 集线器（交换机）故障

集线器（Hub）是局域网中使用的连接设备，采用广播方式发送，它具有多个端口，可连接多台计算机。交换机（Switch）是一种用于电信号转发的网络设备，它可以为接入交换机的任意两个网络节点提供独享的电信号通路。集线器为共享方式，即同一网段的机器共享固有的带宽，同一网段计算机越多，传输速率就会越慢；而交换机每个端口为固定带宽，有独特的传输方式，传输速率不受计算机增加的影响。集线器工作在局域网（LAN）环境，像网卡一样，相当于多端口的中继器；而交换机的主要功能包括物理编址、网络拓扑结构、错误校验、帧序列以及流控等。

交换机常见的故障有供电电源故障、端口故障、模块故障、背板故障、系统错误等。一般通过引入独立的电力线提供独立电源，增加稳压器或使用 UPS 保证正常的供电；端口故障可通过替换法判断端口是否真的损坏，或用酒精清洗端口；出现模块故障和背板故障时，则需更换交换机；系统错误则需要刷新交换机存储器的内容；同时，机房内需设置专业防雷和接地措施。

四、物联网关键技术

物联网产业链可细分为标识、感知、信息传送和数据处理四个环节，将传感器技术、NFC、ZigBee、蓝牙、WiFi、IC 集成电路、Web 界面和服务器后台连接等各种应用技术结合在一起。在此仅对其中与系统硬件相关的核心技术包括 RFID 技术、ZigBee 技术、WSN 无线传感器网络技术和智能传感器技术等进行简要介绍。

（一）无线射频识别技术（RFID）技术

无线射频识别技术（Radio Frequency Identification，RFID）是物联网"让物说话"的关键技术。一套完整的 RFID 系统由阅读器、电子标签及软件系统组成。当电子标签接收到阅读器发出的射频信号后，如果是无源标签，则会凭借磁场感应电流将存储在芯片中的产品信息发送出去；如果是有源标签，则会主动发送某一频率的信号。当阅读器接收电子标签发出的射频信号后，会读取其中的信息并进行解码，然后发送至软件系统进行处理。FRID 原理示例如图 7-14 所示。通过 RFID 技术，物联网整合成一个整体，每一件物品都相当于拥有一个姓名，想要了解其来历、用途、作用时，只需扫描电子标签即可。

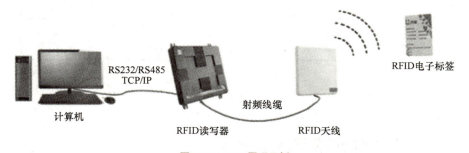

图7-14　RFID原理示例

智能制造系统中的特种 RFID 读写射频识别技术具有抗振动、抗液体、抗电磁干扰与抗金属等优势，并可智能感知标签。引入 RFID 读写射频识别技术之后，智能制造系统的物流子系统显著升级，形成了追踪关键配件管理功能、可自动报工的混流智能制造生产线以及控制工艺流程等核心技术。同时，智能制造系统应用 RFID 读写射频识别技术能够形成供应链智能物流调节系统，与 MES、ERP 等系统进行有效对接，提高中间商、供应商、客户之间产品供给的一体化智能处理效率。

（二）ZigBee技术

ZigBee 是基于 IEEE802.15.4 协议的一种无线传感网络通信技术，也是 IEEE802.15.4 协议的代名词。ZigBee 技术具有低功耗、高可靠、低成本、低时延和灵活组网等特征，适用于双向控制和远程控制领域，可以嵌入各种设备中，同时支持地理定位功能。ZigBee 技术运用无线通信模组建立点对点的通信方式，属于近距离无线通信技术。

ZigBee 应用在智能家居、楼宇自动化等环境中，可以控制家用电器、集中照明、采暖制冷等；应用在工业自动化环境中，可以采集生产过程中产生的数据，并对这些数据进行分析和处理，为工业生产提供安全保障；应用在医学领域中，可以监测病人的体温、血压等，为临床治疗提供便利。

应用 ZigBee 技术的物联网主要由互联网结构系统、节点结构系统以及网络安全协议三个方面共同组成，其中 ZigBee 技术的应用在系统结构硬件设备、设备功能以及结构层面等方面，需要根据不同类型的网络方向进行详细区分。ZigBee 技术的网络结构组成包含传感设备节点设置、管理区域节点设置、信息通信卫星节点设置以及用户使用界面节点设置等。由于信息通信区域的主要结构组成是负责接受或发送物联网传输的信息，ZigBee 技术无线传感节点组合网络成功的关键因素是信息通信区域的选择。图 7-15 所示为 ZigBee 技术网络结构组成示例。

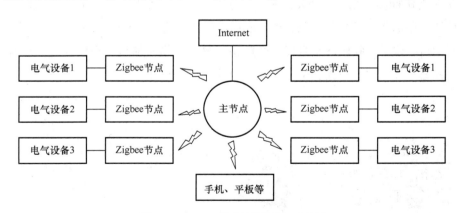

图7-15　ZigBee 技术网络结构组成示例

（三）WSN无线传感器网络技术

无线传感器网络（Wireless Sensor Networks, WSN）是由大量分布在自由空间里的"自治的"无线传感器组成的无线网络。它通过协作方式感知、采集、处理和传输网络覆盖地理区域内被感知对象的信息，并最终把这些信息发送给网络所有者。无线传感器网络（WSN）基于

2.4GHz、433MHz、GPRS 通信方式，通过无线传感器采集节点数据（如温湿度、压力、化学成分、声音、位移、光照、污染颗粒等），利用智能网关搭建无线传输网络。其网络设置灵活，设备位置可以随时更改，还可以跟互联网进行有线或无线方式的连接。

无线传感器网络（WSN）中的一个节点（或称为 Mote）一般由一个无线收发器、一个微控制器和一个电源组成。WSN 一般是自治重构（Ad-Hoc 或 Self-Configuring）网络，包括无线网状网（Mesh Networks）和移动自重构网（MANET）等。无线传感器网络（WSN）是集微机电技术、传感器技术和无线通信技术于一体的技术，传感器网络实现了数据的采集、处理和传输的三种功能。图 7-16 所示为 WSN 无线传感器网络结构示例。

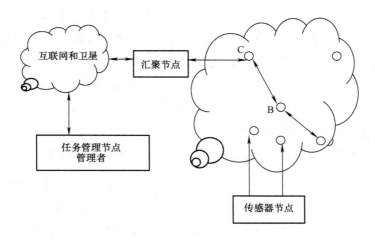

图7-16 WSN无线传感器网络结构示例

无线传感网络的应用包括视频监视、交通监视、航空交通控制、机器人、汽车、家居健康监测和工业自动化等领域，具有大规模、自组织、动态性、可靠性等特点。

1）大规模。传感器节点可以分布在很大的地理区域内，也可以在面积较小的空间内密集部署大量传感器节点。传感器网络的大规模性具有如下优点：通过分布式处理大量的采集信息能够提高监测的精确度，降低对单个节点传感器的精度要求；大量冗余节点的存在，使得系统具有很强的容错性能；大量节点能够增大覆盖的监测区域，减少洞穴或盲区。

2）自组织。在传感器网络应用中，通常传感器节点的位置不能预先精确设定，节点之间的相互邻居关系预先也不知道，这样就要求传感器节点具有自组织的能力，能够自动进行配置和管理，通过拓扑控制机制和网络协议自动形成转发监测数据的多跳无线网络系统。

3）动态性。由于环境因素或电能耗尽会造成传感器节点故障或失效，环境条件变化可能造成无线通信链路带宽变化，甚至时断时通，传感器网络的传感器、感知对象和观察者等要素可能具有移动性，以及新节点的加入，要求传感器网络系统要能够适应这种变化，具有动态的系统可重构性。

4）可靠性。WSN 特别适合部署在恶劣环境或人类不宜到达的区域，节点可能工作在露天环境中，遭受日晒、风吹、雨淋，甚至遭到人或动物的破坏，传感器节点往往采用随机部署。因此，要求传感器节点具有高可靠性、不易损坏，适应各种恶劣环境条件。由于监测区域环境的限制以及传感器节点数目巨大，网络的维护十分困难甚至不可维护。传感器网络的通信保密性和安全性也十分重要，要防止监测数据被盗取和获取伪造的监测信息。因此，传感器网络的软硬件必须具有鲁棒性和容错性。

（四）智能传感器技术

在物联网运行系统中传感器属于感知层设备，与传统传感器相比，智能传感器能够在确保物联网系统稳定运行的基础上，对物联网系统自身的运行功能进行有效拓展。信息自动采集、数据存储、自动补偿、自主决策与量程自主选择等都是智能传感器的重要功能。智能传感器依靠其专用的集成电路、传感器芯片与高性能微处理器，使其能够实现模拟与数字两种信号的输出。智能传感器的有效发展，也在极大程度上推动了物联网系统的升级换代，为物联网系统的持续稳定发展奠定了坚实的基础。相较于物联网系统其他三项核心技术，智能传感器技术的发展稍显落后，但这也使得智能传感器技术仍存在巨大的发展空间。现阶段，智能传感器技术发展呈现出微型化和多功能化的特点。图 7-17 所示为几类智能传感器示例。

1）微型化。智能传感器自身的体形、体积会对其未来的应用领域与空间造成直接影响，为了全面提升智能传感器的应用范围，提升其应用效果，需要加强智能化传感器的微型化研究，通过有效借助半导体等先进技术，实现传感器的微型化设计，有效降低智能传感器的成本，提升其实际应用空间。

2）多功能化。多功能化对于智能传感器的发展有着重要的导向作用，通过对传感器功能的深入研究，并结合不同领域的实际发展需求，将不同种类的传感器元件进行有机结合，进而实现智能传感器应用价值的全面提升。

a) 温湿度传感器

b) 灰尘传感器

c) 电磁流量计

图7-17　几类智能传感器示例

五、物联网的典型应用场景

物联网用途广泛，遍及智能交通、智能家居、智能安防、智能制造、智能零售、智慧物流、智慧能源、智慧医疗、智慧农业、智慧城市等多个领域。图7-18所示为物联网的具体应用场景示例。

图7-18　物联网的具体应用场景示例

（一）智能安防

安防是物联网的一大应用市场，智能安防系统主要包括门禁、报警和监控三大部分。行业内主要以视频监控为主，智能安防系统通过对拍摄的图像进行传输与存储，并对其分析与处理，最终实现智能判断。图7-19所示为智能安防系统示例。

1）门禁系统主要以感应卡、指纹、虹膜以及面部识别等为主，有安全、便捷和高效的特点，能联动视频抓拍、远程开门、手机位置探测及轨迹分析等。

2）监控系统主要以视频为主，分为警用和民用市场。通过视频实时监控，使用摄像头进行抓拍记录，将视频和图片进行数据存储和分析实时监测、确保安全。

3）报警系统主要通过报警主机进行报警，报警主机中配置有语音模块以及网络控制模块，有利于缩短报警反应时间。

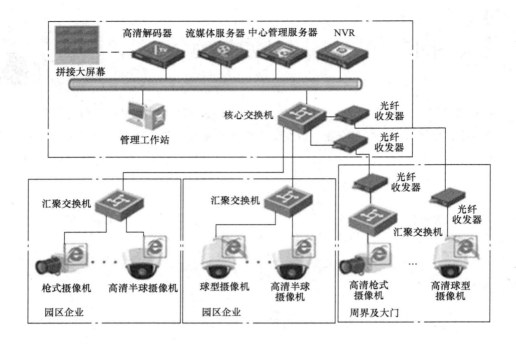

图7-19 智能安防系统示例

（二）智能家居

物联网应用于智能家居领域，能够对家居类产品的位置、状态、变化进行监测，分析其变化特征，同时根据人的需要在一定的程度上进行控制和反馈。智能家居系统的发展分为三个阶段：单品连接、物物联动和平台集成。图7-20所示为智能家居系统示例。

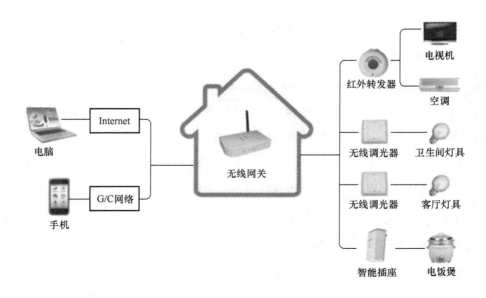

图7-20 智能家居系统示例

1)单品连接将各个产品通过传输网络,如 WiFi、蓝牙、ZigBee 等进行连接,对每个单品单独控制。

2)物物联动智能家居企业将自家的所有产品进行联网、系统集成,使得各产品间能联动控制,但不同的企业单品间还不能联动。

3)平台集成智能家居系统根据统一的标准建设,不同企业的单品能相互兼容。

(三)智能交通

智能交通系统属于智慧城市的一个子系统,是物联网所有应用场景中最有前景的应用之一。它以图像识别技术为核心,综合利用射频技术、标签等手段,对交通流量、驾驶违章、行驶路线、牌号信息、道路的占有率、驾驶速度等数据进行自动采集和实时传送。相应的系统会对采集到的信息进行汇总分类,并利用识别能力与控制能力进行分析和处理。包括对机动车牌号和类型进行识别、快速处置,为交通事件的检测提供详细数据。图 7-21 所示为智能交通系统示例。

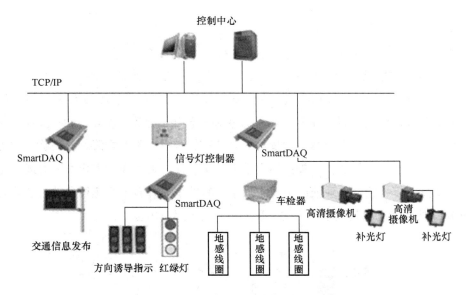

图7-21 智能交通系统示例

智慧交通将先进的信息技术、通信技术、传感技术、控制技术以及计算机技术等有效地集成运用于整个交通运输管理体系,建立起一种大范围、全方位、实时、准确、高效的综合运输和管理系统,使人、车和路能够紧密地配合,改善交通运输环境、保障交通安全以及提高资源利用率。其主要应用有:

1)智能公交车。建设公交智能调度系统,对公交线路、车辆进行规划调度,实现车辆路线的智能排班。

2)共享单车。运用带有 GPS 或 NB-IoT 模块的智能锁,通过 App 相连实现精准定位、实时掌控车辆状态等。

3）汽车联网。利用先进的传感器及控制技术等实现自动驾驶或智能驾驶,实时监控车辆运行状态,降低交通事故发生率。

4）智慧停车。通过安装地磁感应,连接进入停车场的智能手机,实现停车自动导航、在线查询车位等功能。

5）智能红绿灯。依据车流量、行人及天气等情况动态调控灯信号来控制车流,提高道路承载力。

6）汽车电子标识。采用RFID技术实现对车辆身份的精准识别和车辆信息的动态采集等功能。

7）充电桩。通过物联网设备实现充电桩定位、充放电控制、状态监测及统一管理等功能。

8）高速无感收费。通过摄像头识别车牌信息,根据路径信息进行收费,提高通行效率、缩短车辆等候时间等。

（四）智慧物流

智慧物流是利用集成智能化技术,使物流系统具有思维、感知、学习、推理判断和自行解决物流中某些问题的能力。它以物联网、大数据、人工智能等信息技术为支撑,在物流的运输、仓储、包装、装卸、配送等各个环节实现系统感知、全面分析及处理等功能,实现物流规整智慧、发现智慧、创新智慧和系统智慧的现代综合性物流系统。智慧物流的实现能大大地降低制造业、物流业等行业的运输成本,提高运输效率。生产商、批发商、零售商三方通过智慧物流相互协作、信息共享,物流企业便能更节省成本,有助于提升整个物流行业的智能化和自动化水平。图7-22所示为智慧物流系统示例。智慧物流的主要应用包括：

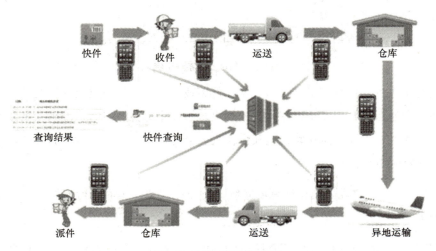

图7-22　智慧物流系统示例

1）仓库储存。通常采用基于 LoRa[○]、NB-IoT[○]等传输网络的物联网仓库管理信息系统，完成收货入库、盘点调拨、拣货出库以及整个系统的数据查询、备份、统计、报表生产及报表管理等任务。

2）运输监测。实时监测货物运输中的车辆行驶情况以及货物运输情况，包括货物位置、状态环境以及车辆的油耗、油量、车速及制动次数等驾驶行为。

3）智能快递柜。将云计算和物联网等技术结合，实现快件存取和后台中心数据处理，通过 RFID 或摄像头实时采集、监测货物收发等数据。

（五）智能制造

智能制造将物联网技术、通信技术和信息处理技术等多种技术融入工业生产的各个环节，实现工厂的数字化和智能化改造，大幅提高制造效率、改善产品质量、降低生产成本和资源消耗，将传统的工业提升到智能化的新阶段。企业的数字化和智能化改造大体分成四个阶段：自动化产线与生产装备，设备联网与数据采集，数据的打通与直接应用，数据智能分析与应用。智能制造的实现是基于物联网技术的渗透和应用，并与未来先进制造技术相结合，支持制造企业面向数智化管理、个性化定制、网络化协同、智能化制造、服务化延伸实现数智化转型，最终形成新的智能化的制造体系。

智能制造系统通过在设备上加装物联网装备，使设备厂商可以远程且随时随地地对设备进行监控、升级和维护等操作，更好地了解产品的使用状况；同时，生产制造商能够清楚地知道某个产品在生产过程中任何阶段的数据信息，完成产品全生命周期的信息收集，指导产品设计和售后服务，达到产品的可追溯性与保障质量安全的目的。图 7-23 所示为智能制造系统示例。智能制造系统的主要子系统包括：

1）制造业供应链管理。物联网应用于企业原材料采购、库存、销售等领域，通过完善和优化供应链管理体系，提高供应链效率降低成本。

2）生产过程工艺优化。物联网技术的应用带来了生产过程智能监控、智能控制、智能诊断、智能决策、智能维护水平的不断提高。

3）产品设备监控管理。各种传感技术与制造技术融合，实现了对产品设备操作使用记录、设备故障诊断的远程监控。

○ LoRa 是低功耗广域网（Low Power Wide Area Network，LPWAN）通信技术的一种，基于扩频技术的超远距离传输方案，在全球免费频段运行。

○ NB-IoT 是窄带物联网（Narrow Band Internet of Things，NB-IoT），是物联网的一个重要分支。NB-IoT 支持低功耗设备在广域网的蜂窝数据连接，也称为作低功耗广域网（LPWAN）。能提供非常全面的室内蜂窝数据连接覆盖。

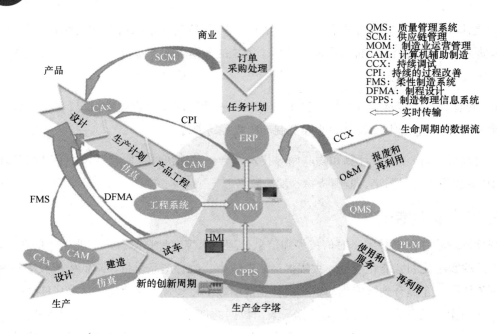

图7-23 智能制造系统示例

4）环保监测及能源管理。物联网与环保设备的融合能够实现对工业生产过程中产生的各种污染源及污染治理各环节关键指标的实时监控。

5）工业安全生产管理。将感应器嵌入或装备到矿山设备、油气管道、矿工设备中，可以感知危险环境中工作人员、设备机器、周边环境等方面的安全状态信息，将现有分散、独立、单一的网络监管平台提升为系统、开放、多元的综合网络监管平台，实现实时感知、准确辨识、快捷响应、有效控制。

六、工业互联网概述

工业互联网是新一代信息技术与工业系统全方位深度融合形成的产业和应用生态，是工业智能化发展的关键信息基础设施。其本质是以机器、原材料、控制系统、信息系统、产品、人之间的网络互联为基础，对工业数据的全面感知、实时传输交换、快速计算处理和建模分析，实现智能控制、运营优化和生产组织方式的优化。

1. 工业互联网的历史

2013年4月在汉诺威工业博览会上，德国提出了自己的国家级工业革命战略规划——工业4.0。其主要目的是提高德国的工业竞争力，巩固自己的领先优势，在新一轮的工业革命中占得先机。

2013 年通用电气公司（GE）正式提出了工业物联网革命的概念。2014 年，通用电气（GE）、AT&T、思科、IBM 和英特尔五家巨头公司在美国宣布成立工业互联网联盟 IIC（Industrial Internet Consorting）。

2015 年 3 月，我国正式提出"中国制造 2025"战略。第一步，到 2025 年，迈入制造强国的行列；第二步，到 2035 年，中国制造整体达到世界制造强国阵营中等水平；第三步，到新中国成立一百周年，综合国力进入世界制造强国行列。通过"中国制造 2025"战略的逐步推进，我国将会从工业大国变成工业强国。

2. 工业互联网的定义

工业互联网是一个通过互联网将全球工业系统中的智能物体、工业互联网平台与人相连接的系统，是物联网、互联网、大数据及云计算等新一代 IT 技术与工业系统深度融合而形成的一种新的社会业态。它通过将工业系统中智能物体全面互联获得智能物体的工业数据，通过对工业数据的分析获取机器智能，以改善智能物体的设计、制造与使用，提高工业生产力。

工业互联网的基础是实现智能物体全面互联的物联网，关键是通过感知技术获得大量的工业数据，前提是强大的计算与存储能力，核心是对工业数据的分析，结果是通过分析获得的新的机器智能，并用以改善智能物体的设计、制造与使用，提高工业效率和人类社会的生产力。

3. 工业互联网的机遇

从工业互联网的产业生态来看，它的应用能为传统企业带来三个方面的机遇。

1）能够促进传统企业的资源整合能力。工业互联网的应用打破了企业内部以及行业间的信息孤岛问题，促进行业产业链的细化，通过云计算、大数据和人工智能等技术提升传统企业的资源整合能力。

2）能够进一步的提升企业的生产效率。通过物联网技术提升工业化生产过程中的自动化程度，通过云计算技术扩展员工的岗位任务边界，通过人工智能技术降低岗位的工作难度。

3）能够进一步提升企业的可持续发展能力。工业互联网的应用可在很大程度上实现资源的充分利用，在节能减排方面作用显著。

4. 工业互联网与物联网的关系

物联网就是通过信息传感设备把任何物品与互联网连接起来，进行信息交换和通信，以实现智能化识别、定位、跟踪、监控和管理的一种传感网，是无处不在的传感器及其构成的感知系统。物联网的核心是感知，通过传感设备获得物体的信息。工业互联网的核心是数据分析，获取机器智能。

物联网提供的感知技术是工业互联网的基础，属于工业互联网的感知识别层。工业互联网侧重于工业系统中智能物体的连接与分析。物联网包括所有智能物体的感知与连接，比如医疗行业、娱乐行业等，因此物联网比工业互联网所连接的智能物体的范围更广。

5. 工业互联网的关键技术

根据工业互联网的定义可以知道工业互联网要解决的主要问题包括智能物体的互联，数据的获取、数据的传输和数据分析等，涉及自动化、通信、计算机及管理科学等领域。图7-24所示为工业互联网需要解决的几项主要关键技术问题示例。

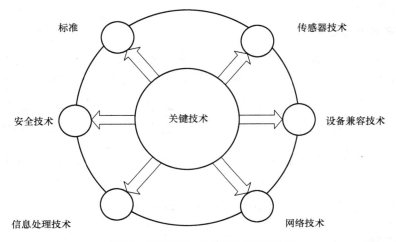

图7-24 工业互联网的关键技术问题示例

1）传感器技术。传感器是工业互联网应用的基石，工业互联网的发展需要更准确、更智能、更高效以及兼容性更强的传感器，智能数据采集技术是传感器技术发展的一个新方向。信息的泛在化对工业传感器和传感器装置提出了更高的要求，包括传感器的微型化、智能化和低功耗等。在工业互联网的应用中要求传感器元器件小型化以节约资源与能源；要求传感器具备自校准、自诊断、自学习、自决策、自适应和自组织等人工智能技术；要求传感器采用电池、风力、阳光、温度和振动等多种能量获取技术并降低功耗。

2）设备兼容技术。通常不同的企业会基于现有的工业系统构建工业互联网，带来了工业互联网中所用的传感器与原有设备应用的传感器兼容的问题。传感器的兼容主要是指数据格式的兼容和通信协议的兼容，其关键是标准的统一。

目前工业现场总线中普遍采用的Profibus和Modbus协议已经较好地解决了兼容性的问题，很多的工业设备生产厂商基于这些协议开发了各类适用于传感器和控制器等。随着工业无线传感器网络应用的普遍，当前工业无线的WirelessHART、ISA100.11a以及WIA-PA（Wireless Networks for Industrial Automation Process Automation）等标准兼容了IEEE802.15.4无线网络协议，并提供了隧道传输机制兼容现有的通信协议，丰富了工业互联网系统的组成和功能。

3）网络技术。网络技术是工业物联网的核心之一，分为有线网络和无线网络，数据在系统不同层次之间通过网络进行传输，有线网络一般应用于工厂内部的局域网或部分现场总线控制网络中，能够提供高速率和高带宽的数据传输通道，而无线网络的应用使得工业传感器的布线成本大幅降低，有利于传感器功能的扩展。

4）信息处理技术。生产过程中产生的大量数据需要信息处理技术处理，这也是工业互联网的核心所在。通过对环境数据的分析和用户行为的建模，可以实现对生产设计、制造、管理过程中的人、机、物、料、法等状态的感知，真实地反映工业生产过程中的细节变化，得出更准确的分析结果。

5）安全技术。安全技术关注于工业互联网的数据采集安全和网络传输安全等过程。信息安全对于企业运营起着关键作用，保证在数据采集及传输过程中的准确无误是工业互联网应用于实际生产的前提。

> 目前工业无线技术领域已经形成了三大国际标准，分别是由HART基金会发布的WirelessHART标准、ISA国际自动化协会（原美国仪器仪表协会）发布的ISA100.11a标准和我国自主研发的面向工业过程自动化的工业无线网络标准技术WIA-PA标准。

6. 工业网络的组成与通信技术

1）传感器技术。传感器技术是实现测试与自动控制的重要环节，它能准确传递和检测出某一形态的信息，并将其转换为另一种形态的信息。第一代技术是结构型传感器，利用结构参量的变化来感受和转化信号。第二代技术是固体传感器，利用半导体、电解质、磁性材料的霍尔效应、光敏效应等特性结合分子合成技术、微电子技术和计算机技术等制成的集成传感器。第三代技术是智能传感器，它对外界信息具有一定的检测、自诊断、数据处理和自适应能力，是微型计算机技术和检测技术相结合的产物。

2）现场总线（Field Bus）是一种用于解决工业现场的智能化仪器仪表、控制器、执行机构等现场设备间通信，以及现场设备与高级控制系统之间信息传递的工业数据总线，是自动化领域中低层数据通信的网络。

3）无线接入技术是指接入网络的某一部分或全部采用无线传输媒质，向用户提供固定和移动接入服务的技术。特点是覆盖范围宽，扩容方便可以加密等。分为移动接入技术和固定无线接入技术。移动接入技术主要为移动用户和固定用户以及用户之间提供通信服务，具体实现方式有蜂窝移动通信系统、卫星通信系统、无线寻呼和集群调度等。固定无线接入技术主要为位置固定的用户或仅在小范围内移动的用户提供通信业务。

4）移动通信技术。通信中移动的一方通过无线的方式在移动状态下进行通信。这种通信方式也可以借助有线通信网，某种程度上移动通信是无线通信和有线通信的结合，集中了无线通信和有线通信的最新技术和成果，目前移动通信已经发展到了数字移动通信阶段。第一代移动通信技术（1G）基于模拟传输，采用蜂窝结构组网；第二代移动通信技术（2G）包括客户化应用移动网络增强逻辑 CMAEL、支持最佳路由 S0、立即计费、GSM900/1800 双频段网络等内容，以及增强型话音编解码技术；第三代移动通信技术（3G）也称为 IMT2000，智能信号处理单元成为基本的功能模块，支持语音和多媒体数据通信，能够提供各种宽带信息业务；第四代移动通信技术（4G）是集 3G 与 WLAN 于一体并能够传输高质量视频图像的技术产品；第五代移动通信技术（5G）是一个真正意义上的融合网络，它以融合和统一的标准提供人与人、人与物，以及物与物之间高速、安全自由的联通。

5）消费级技术。面向消费者领域的技术，包括以太网和消费级无线技术。以太网是最普遍的一种计算机网络，交换式以太网可在 100/1000/10000Mbit/s 的高速率下运行，以快速以太网、千兆以太网和万兆以太网的形式呈现。目前的快速以太网（100BASE-T/1000BASE-T 标准）为了减少冲突使用交换机来进行网络连接和组织。而消费级无线技术主要包括蓝牙、ZigBee、Lora、WiFi、3G、4G 和 5G 技术。蓝牙主要用于设备间的短距离数据交换；WiFi 是一种允许智能手机、平板电脑和笔记本电脑等电子设备连接到一个无线局域网（WLAN）的技术。

6）其他硬件。网关（Gateway）称为网间连接器、协议转换器，是一种承担转换任务的计算机系统或设备。网关在网络层以上实现网络互联，用于两个高层协议不同的网络互联。网关既可以用于广域网互联，也可以用于局域网互联。图 7-25 所示为其他硬件示例。

远程终端单元 RTU（Remote Terminal Unit）是一种针对长距离通信和恶劣工业现场环境的特殊的、模块化的计算机测控单元。

交换机（Switch）是一种用于光电信号转发的网络设备，可以为接入交换机的任意两个网络节点提供独享的电信号通路，最常见的交换机是以太网交换机、其他还有电话语音交换机和光纤交换机等。

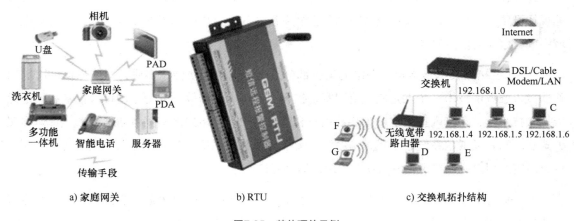

图7-25 其他硬件示例

参 考 文 献

[1] 徐建亮，祝惠一.机电设备装配安装与维修[M].北京：北京理工大学出版社，2019.

[2] 袁晓东.机电设备安装与维护[M].3版.北京：北京理工大学出版社，2019.

[3] 王丽芬，刘杰.机械设备维修与安装[M].2版.北京：机械工业出版社，2019.

[4] 马光全.机电设备装配安装与维修[M].3版.北京：北京大学出版社，2022.

[5] 张晓东，吕文祥.物联网设备安装与调试[M].北京：电子工业出版社，2021.